商店叢書 ⑦

連鎖業加盟招商與培訓作法

鄭志雄　黃憲仁/編著

憲業企管顧問有限公司　　發行

《連鎖業加盟招商與培訓作法》

序　言

　　近年來，隨著現代商業化的競爭加劇，連鎖業不斷地發展壯大，各行業的連鎖企業在市場日趨活躍，連鎖企業的競爭已經上升到了資本層面的競爭，演變成連鎖招商的競爭。

　　縱觀世界頂級連鎖企業，如麥當勞、肯德基，又如沃爾瑪、家樂福等，他們成功的秘訣就是超強的標準化執行力。連鎖經營管理的基本原則是五化：標準化、簡單化、專業化、複製化、獨特化。

　　因為連鎖的最大特徵之一就是具備可複製性，對外徵求加盟商，而加盟商的標準化，是複製的必備前提。

　　對於大部份連鎖經營企業而言，努力開設幾家直營店，為數不多的直營店實在難以產生規模效應，只有通過招商加盟方式向外界招募加盟商，才有可能讓連鎖特許體系不斷擴大。因此，對外連鎖招商，是連鎖經營企業的第一次行銷，決定著其是否能繼續生存和發展壯大。

　　招商的目的是合理配置社會資源，是一種合作共贏的戰略結盟模式。成功的招商無不是把生產企業和加盟商的目標捆綁在一起，

雙方為一致的目標履行相關的約定，就如一個企業各部門的分工與合作一般。

連鎖企業之所以能夠取得成功，在於連鎖組織能夠實現連鎖經營的規模經濟，因此放大連鎖組織至一定的規模程度，幾乎是每個連鎖企業必經的成功之路。

招商無疑是在既定的狀況下，最快速度拓展管道、實現管道內利益共生的首選。

然而，連鎖企業幾乎都抱怨招商難，每每提起對外招商，連鎖企業就滿腹抱怨：為什麼我總是找不到加盟商？費了九牛二虎之力招到的加盟商素質也實在不行，招商為什麼那麼難呢？

連鎖業的招商加盟工作是個系統工程，一招一式都必然是基於企業整體戰略的考量。如果沒有前期對於專案市場、準加盟商的詳盡調查，沒有企業對自身發展戰略的完整規劃，就不可能有招商加盟，工作中對於加盟商招募和管控模式的確定，自然無法選擇合適的招商策略，更不用說有可行的招商計劃了。

連鎖企業在對外加盟擴張時，常感到難題與困惑：

連鎖企業應如何做到快速地複製？

具體對外加盟招商工作有那些？

如何對加盟商實施有效的培訓？

……

……

本書是針對「連鎖業如何對外徵求加盟招商，並實施有效的培訓工作」，由專家執筆仔細解說。

連鎖企業只有把招商作為一項需要長期規劃的工作來做，瞭解

市場、瞭解加盟商，並採用專業的品牌招商法，針對市場設計一套有效的加盟商發展規劃，構建起可以長期支撐的加盟商關係管理平台，設計有益於連鎖企業發展和加盟商長期贏利的連鎖組織管理體系，真正著眼於加盟商與連鎖企業的合作共贏，制定的招商政策讓加盟商切切實實看到投資的機會，同時配合有針對性的招商傳播策略，才能招到能和連鎖企業共圖事業發展的加盟商，從而發揮連鎖組織規模化經營的優勢，合作共贏。

2016 年 7 月

《連鎖業加盟招商與培訓作法》

目　錄

1 什麼是特許連鎖招商

特許經營是指特許者將自己所擁有的商標、商號、產品、專利和專有技術、經營模式等以特許合約的形式授予受許者使用；受許者按合約規定，在特許者統一的業務模式下從事經營活動，並向特許者支付相應的費用。

1. 特許經營即特許連鎖

由於特許企業具有連鎖經營統一形象、統一管理等基本特徵，因此也稱之為特許連鎖。

特許經營的所有加盟店都是以獨立的所有者身份加入的，在人事、財務上各店保留自主性，在經營業務和方式上則高度統一，必須接受加盟總部的指導和控制，加盟店與加盟總部以特許合約為連鎖關係的紐帶基礎。一般情況下，系統內各加盟店之間沒有法律關係，只存在加盟店與加盟總部的法律關係，加盟雙方既是獨立的事業者，但又必須在合約的規則下形成一個統一經營的外在形象，實現企業聯合的規模效益。

通過合約，特許總部允許加盟店使用總部的全套軟體，並要求加盟店按總部的模式去經營，總部對加盟店有監督指導權利，並有培訓加盟者、向加盟者提供合約規定的幫助和服務的義務。特許合約的基本條款是由總部制定的，為維護品牌的統一性，加盟申請者對合約條款幾乎沒有修改的可能性，必須服從特許合約的約定，根

據總部提出的銷售或技術上的計劃來經營企業。

特許總部提供特許權許可和經營指導，加盟店為此要支付一定費用。一旦總部接受加盟者的申請，就可以允許加盟店使用總部特有的商標、連鎖店名和字型大小，使用總部開發的生產、加工、銷售、服務及其他經營方面的技術，總部在合約有效期內應持續提供各種指導和幫助。這種後續服務的目的在於幫助加盟者瞭解、吸收和複製特殊技術，並在開業之後儘快走上正軌，取得收益。加盟店在取得這些權利時要付出一定代價，即要向總部交納一定費用。一般情況下，加盟者在簽訂特許合約時要一次性交納一筆加盟金。對於總部提供的指導、服務、統一開展的廣告宣傳，加盟店則要按合約規定每月向總部交納特許權使用費和廣告費等，這些費用將根據加盟連鎖組織開發的先後、加盟店數量的多少、總店品牌的價值、總店服務內容的不同而有差異，採取的方式有的按毛利、銷售額提成，有的則是制定一個定額。

這種經營方式對於那些資金有限、缺乏經驗而又想投資創業的人來說具有較強的吸引力。對於加盟店來說，業主無須擁有一定的技術和經驗，只要支付一定的加盟費就可以直接套用總部成功的經驗和管理技術，得到加盟總部的長期指導和服務，最重要的是加盟店可以利用特許體系所形成的網路資源，汲取眾人的智慧，開創個人的事業，「借他人之梯，登自己發展之樓」，從而省去探索時間，降低了投資風險。

特許經營之所以能風行於世界，成為各國進行跨國連鎖的主要形式，究其原因：

一是因為特許經營是一種經營技巧、業務形式的許可，是一種

知識產權的授予，它不受資金、地域、時間等各方面的限制，可以在同一時間發展多家連鎖店，而無須像正規連鎖那樣由總部投資去一家家興建。由於特許經營是一種軟體技術轉讓，是一種無形資產轉讓，不受硬體設備的影響，因而可以在任何有消費群的地域發展。

2. 特許經營是一種對加盟總部、加盟者和消費者都有好處的連鎖經營形式

引進有特色的特許經營項目，就等於直接引進了國外先進的商業管理經驗，花錢不多，收益不少，可以避免走彎路，並帶動整個連鎖業的發展。對於加盟者而言，不用自己去探索開創新事業的路子，只需向總部支付一定的加盟費就可以經營一個知名的商號，並能長期得到總部的業務指導和服務，因而投資風險降低。對消費者而言，到一家知名度較高的商號去購買商品或消費，所購買的商品是值得信賴的，所受到的服務是高水準的，消費者權益能得到充分保證，因而對特許連鎖店持歡迎態度。

(1)特許經營對加盟者的好處

①降低創業風險，增加成功機會。

②可以得到系統的管理訓練和營業幫助。

③加盟者可以集中進貨，降低成本，保證貨源。

④加盟者可以使用馳名的商標或服務。

⑤加盟者可以減少廣告宣傳費用，達到良好的宣傳效果。

⑥加盟者較易獲得加盟總部或銀行的財政幫助。

⑦加盟者可以獲得加盟總部的經銷區保護。

(2)特許經營對加盟者的不利之處

①經營受到嚴格約束，缺乏自主權。

②總部出現決策錯誤時，加盟者會受到牽連。

③過分標準化的產品和服務，既呆板又欠新意，還不一定適合當地情況。

④發展速度過快時，總部的後續服務跟不上。

⑤加盟者要退出或轉讓將受到合約限制，困難重重。

值得注意的是，目前有一種流行的觀點：「特許經營比你自己獨立開店更安全。」從廣義上說，這是正確的。在美國和日本，這個論點已經為統計數字所證實：所有新開張的企業中約有 90%在 5 年內倒閉，而特許經營店在開張的 5 年內倒閉的只佔 10%。這兩個數字證實了，在進入新業務的方法中，特許經營比獨立開業更安全。但是特許經營成功率高並不等於沒有失敗，往往潛在加盟者對「特許經營比自己獨立開店更安全」有著片面的理解，形成一種錯誤觀念，以為他只要簽署一份特許合約就可不費吹灰之力掙到許多錢；輕信特許體系的能力從而放鬆警惕，忽視準備加入的特許體系的具體情況。

總之，特許經營並非迅速致富的捷徑，成功的特許店都是經過非常艱苦的努力才獲得的。特許經營所能做到的是減少開辦新企業所承擔的風險。它的主要好處在於，特許人在出售自己經驗的同時，也在幫助解決任何新企業都會面臨的問題。特許經營應向加盟者提供一個已經被證明為成功的業務經營方式，而不應把特許經營看成一種不費力就能賺錢的方式。

2 建立樣板店

推廣組織可以是特許總部的一個部門或者是一個項目小組,其主要任務是進行該企業的特許加盟推廣活動。它包括招募加盟商及幫助加盟商進行選址等開業前準備。

1. 建立樣板店的作用

樣板店是特許總部為推廣特許加盟體系而建立的特許加盟直營店。樣板店在特許加盟體系推廣中有兩個重要作用。

①示範作用,為加盟單店的運營管理提供樣板。

②為加盟商提供培訓場所。

在特許加盟體系推廣階段所指的樣板店是特許總部所建立並管理最原始的樣板店,它是所有特許加盟體系的複製「原件」,是特許加盟網路的原始結點,是特許人知識產權濃縮後的外化組合體,是特許人繼續研究開發更先進的知識產權的基地,是檢驗該特許加盟企業的核心產品的競爭力最佳地點,是加盟商及其他相關人員接受培訓、實習、參觀的樣板,是潛在加盟商認識該特許加盟企業的一面鏡子,是促使潛在加盟上下決心進入該特許加盟體系的關鍵場所,是特許加盟體系核心競爭力的源泉和表現形式,是企業驗證單店魅力並增強特許加盟體系推廣加盟項目工作組特許戰略的信心與機會。因此,如果特許加盟企業想通過特許加盟的方式擴大企業規模,建設一個成功的樣板店是至關重要的。

2. 建立樣板店的途徑

建立樣板店的途徑主要有以下三種。

①特許總部的直營店改造成樣板店，即由特許總部直接投資。

②特許總部的加盟店改造成樣板店，即由特許總部協助，加盟商投資。

③由特許總部和加盟商聯合投資建設。

3. 建立樣板店的原則

建立樣板店的原則主要有以下兩種。

①無論以何種方式建設的樣板店，都要保證特許總部的絕對控制。

②樣板店的選址要考慮區域覆蓋，以節省加盟商的學習成本。

在樣板店的建設上，企業應遵照設計加盟單店模式進行樣板店的建設，並在建設的實際過程中，隨時發現問題，隨時更改和記錄關於單店的設計內容。如果特許總部有足夠的人力、物力，最佳方式是成立一個單店工作小組，它專門、全程、全面地跟蹤樣板店的建設全過程和單店營運的各個方面。這樣該小組就可以非常方便、高效地參與單店的建設，並保持單店手冊的隨時更新和完善。建設樣板店的過程是一個非常重要的總結經驗並完善特許加盟企業《單店營運手冊》的過程，仔細地研究、分析並記錄這個過程對企業而言是十分重要的。同時，這些單店小組的成員因為全程、全面地參加了單店的建設和營運，並親自對單店手冊的細節進行了研究和完善，所以他們將來必定是在理論與實踐上的建設單店、管理單店、運營單店的專家，企業也可以借此機會為自己培養出一批將來營建單店的骨幹人員。總之，企業必須切記，樣板店建設的兩個任務實

踐建設和完善手冊——都必須做好，不可有失平衡。建設單店的過程可以為企業帶來許多重要價值，企業一定要充分利用這個契機。

4.建立樣板店應注意的問題

①如果特許人的所有樣板店並不是從零開始建設，而是從已有的店改裝而來，關於《單店營運手冊》的部份內容固然可以得到完善的機會和時間，但單店開店手冊的有些方面卻沒有機會經受過程的檢驗，此時特許加盟企業必須記住，這個單店手冊的全部都是一定要經過實踐檢驗並用實踐來修正和完善它的，特許加盟企業可以採取這樣的辦法來在以後的時間裏盡可能早地補上實踐核對總和跟蹤的內容，即負責單店手冊完善的樣板店的小組在建設以後的加盟店時進行全程的跟蹤和全面的接觸。

②在樣板店的建設數量上，特許加盟企業應根據自己的體系推廣戰略來確定。如果體系決定在幾個不同的區域同時推廣與建設特許加盟網路，那麼它就應在這幾個區域分別建設模式一致的樣板店。這樣的好處是，不同地區的獨特市場環境會使原先設計的單店經營模式承受更複雜的考驗、特許總部或特許人也可以在不同的市場環境下摸索一條可以推而廣之的單店經營模式之路。如果特許總部只是想摸索關於單店建設和營運的一些規律並只在有限區域內進行特許加盟體系的試擴張，那麼特許加盟企業就可以只在本區域內建設一家樣板店，待成熟後再向外推廣。世界零售巨人沃爾瑪在新進入某市場時的一個必備原則就是先開「SAMPLE」即樣板店，沃爾瑪的目的就是拿這個第一家樣板店做試驗，通過不斷吸收當地文化，摸透市場消費趨向，熟悉和瞭解當地消費習慣，分析銷售差異，不斷調整和改善，以建立一套完整的管理體系和適合當地的營運模

式等到各方面發展成熟後，沃爾瑪才開始建立自己的連鎖分銷網路。例如沃爾瑪自 1996 年在深圳開了兩家樣板店後，到 1998 年才開始開第三家，其中的兩年時間就是一個試驗的過程。如此的穩重推進原則是沃爾瑪在全球各地開店成功的重要保障。

③為了使這個樣板店可以真正成為特許加盟體系日後諸單店的「樣板」，特許加盟企業應注意在建設樣板店的過程中，使單店的投資與管理等方面真正成為一個獨立的實體，而不能依舊保持特許總部或特許人的一個直營店那樣的性質。例如在計算樣板店的投資收益上，應該照樣列出一個加盟費以及別的將來的受許人(加盟商)需要付出的費用，這樣計算的結果才更有「樣板」性。一旦樣板店建立起來後，企業應使其獨立運營和獨立核算，這樣可以確保將來的單店加盟商得到驗證，驗證加盟商的單店是否可以贏利。

心得欄 ------------------------------

----

3 特許加盟體系的推廣

特許加盟體系的推廣，是指特許總部為實現其特許加盟企業的總體戰略發展目標，依據特許總部年度經營計劃，在特定的市場區域和特定的時間期限內招募一定數量的加盟商並開設一定數量的加盟店而組織和開展的一系列活動。

特許加盟體系推廣一般由兩大階段組成：準備階段和實施階段。準備階段包括：建立推廣活動組織→建立樣板店→設定加盟條件→準備加盟商招募文件。實施階段包括：招募資訊發佈及諮詢→遴選加盟商→簽訂特許經營合約→培訓加盟商→加盟店開業。

特許加盟體系推廣培訓是特許人為了實施特許加盟企業的發展規劃，組織所有參與特許加盟推廣發展項目的人員所進行的有關特許加盟基本理論的學習活動。

為了擴大市場佔有率，保持競爭力，每個特許人都在準備並實施特許加盟體系的推廣計劃。一般來講，特許加盟體系推廣計劃的實施包括招募資訊發佈、受許人遴選、受許人培訓和加盟店開業等階段。

1. 受許人的招募

特許總部對於受許人(加盟商)的招募流程和方法如圖 3-1 所示。

圖 3-1　某特許加盟企業總部招募工作流程圖

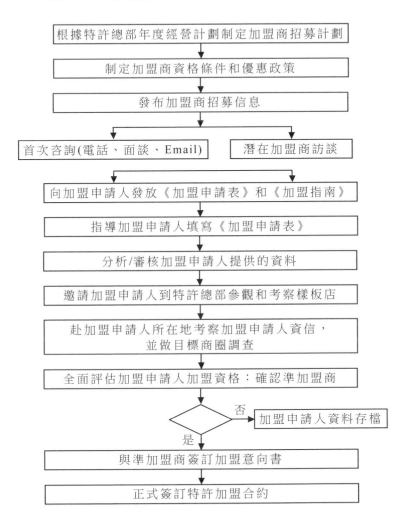

這是一項政策性相當強的工作，工作人員應當多做調查研究，並多方徵求意見。

加盟條件主要是對受許人的要求，有人也將之稱為招募標準。

制定招募標準即對加盟商資格要求，是能否招募到合格加盟商的前提，制定招募標準時可在潛在受許人的以下幾個方面進行考慮。

①信譽(個人品德、商譽等)。

②資金實力。

③經營經驗(本行業經營經驗、其他行業經營經驗、無經營經驗)。

④加盟動機(有強烈的個人創業慾望，欲借助特許經營創立一番事業；有一定的閒置資金，欲投資於回報高於銀行利息的生意；退休後希望能有寄託)。

⑤文化素質(高中以上、大專以上、本科以上)。

⑥家庭關係(配偶、子女等)、身體健康狀況。

⑦心理素質(承受壓力、自我約束、拼搏奮進等方面)。

⑧個人社會關係、人脈資源狀況。

⑨個人能力和資歷。

⑩個人基本情況(年齡、性別、家庭所在地、戶籍、國籍等)。

2. 特許加盟招商資訊的發佈與諮詢

(1)特許加盟招商資訊的發佈通常可採用以下方式。

①全球性、全國性、地方性的特許加盟展會。

②本組織的網站。

③相關行業平面媒體。

④特定地區的廣播電視媒體。

⑤特定地區加盟商招募新聞發佈會。

⑥行業協會、商會、特許經營顧問諮詢機構等仲介機構及其網站。

⑦現有的直營店、加盟店、合作夥伴、關係戶等推薦。

⑧電話、信件郵寄、E-mail 等。

(2)特許加盟諮詢。在進行特許加盟諮詢時，通常應做好以下幾項工作。

①與加盟申請人面談或通過電話、傳真、E-mail 等接洽。

②向加盟申請人發放《加盟指南》和《加盟申請表》，並指導其正確填寫。

③邀請和安排加盟申請人參觀樣板店，安排專人詳細進行講解。

④設立加盟招募熱線電話，由經過培訓的專門人員接聽或接受信件、傳真、電子郵件等資訊資料。

⑤建立加盟申請人資訊資料資料庫。

3.考察欲加盟人對本企業文化認可程度

各個特許人體系對受許人的要求都不盡一致，特許人應針對自己單店運營的實際需要、針對自己樣板店店長分析的結果、針對已有受許人特徵的分析並同時考慮到自己的期望，定出一個大致的受許人「模型」。但此模型不能太詳細，應留有一定的餘地，因為太詳細的「受許人模型」描述會使招募工作喪失很多有發展潛力的潛在受許人。模型也不能過分泛泛和模糊不清，因為這樣會使招募人員在實際的工作中無所適從，或感到每個申請者似乎都合適。

4.特許者對受許人的遴選工作內容

受許人遴選工作的內容如下。

(1)分析/審核加盟申請人提供的資料。

(2)邀請加盟申請人到特許總部參觀和考察樣板店。

(3)赴加盟申請人所在地考察加盟申請人資信，並做目標商圈調查。

這部份工作是與潛在加盟商進行大量溝通的階段，也是宣傳和推廣本特許加盟體系的好機會。

5.受許人遴選工作要求

在特許人考察受許人（加盟商）的同時，受許人也在考察特許人，因此必須做好以下工作。

(1)清楚地向加盟申請人傳達企業的理念、文化以及加盟條件、加盟優惠政策。

(2)樣板店的規範操作及店面陳列要到位。

(3)去加盟申請人所在地考察要細緻耐心。

(4)在可能的情況下，一個地區至少要選擇兩個以上加盟申請人作為候選對象。

(5)把加盟申請人的資料輸入資料庫。

總體來講，特許總部遴選受許人應主要從工作經驗、工作態度、性格取向、個人資歷、財務能力等五個方面進行考慮。某餐飲特許加盟企業在受許人遴選過程中使用的加盟申請者評估表如表3-1所示。

表 3-1　某餐飲特許加盟企業加盟申請者評估表

項目	評級						得分
	比重(%)	極好	良好	普通	略可	不佳	
1. 理念及文化	(20)						
A. 對盟主文化及經營理念的認同	10	10	7	5	3	1	
B. 投資理念	5	10	7	5	3	1	
C. 對特許經營加盟的瞭解	5	10	7	5		1	
2. 工作經驗	(20)						
A. 業務經驗	5	10	7	5	3	1	
B. 曾擁有生意	5	10	7	5	3	1	
C. 工作資歷	5	10	7	5		1	
D. 穩定性	5	10	7	5	3	1	
3. 工作態度性格取向	(20)						
A. 溝通能力	5	10	7	5	3	1	
B. 組織力	5	10	7	5	3	1	
C. 進取心	5	10	7	5	3	1	
D. 自我肯定	5	10	7	5	3	1	
4. 個人資歷	(20)						
A. 財務商業信用	5	10	7	5	3	1	
B. 訴訟記錄	5	10	7	5	3	1	
C. 介紹人	5	10	7	5	3	1	
D. 婚姻狀況	5	10	7	5	3	1	
5. 財務狀況	(20)						
A. 資產淨值	5	10	7	5	3	1	
B. 融資或借貸能力	5	10	7	5	3	1	
C. 財務展望	55	1010	77	55	33	11	

6. 加盟資格的審定與評估

即全面評估加盟申請人的加盟資格,確認準加盟商。評估帶有決策性質,因此要求做好以下幾點。

(1)組成評估工作小組負責對加盟商資格的全面評估工作,小組成員應包括招募經理、主管、財務主管、總部營運經理等。

(2)採用打分制評估方法,具體評估指標應包括組織狀況、資本信譽、業務拓展、管理能力、市場運作、社會關係、經營方案、與特許總部關係等。

(3)從若干加盟申請人中篩選可以確認的準加盟商,填寫準加盟商申報表報主管領導批准。

(4)特許人與準加盟商簽訂加盟意向書。

7. 特許加盟合約的簽訂

在與準加盟商簽訂意向書後,招募工作人員應就特許加盟合約及其附件的各項內容與準加盟商進行耐心細緻的談判。當談判取得實質性的進展並在細節上達成共識後,就應與準加盟商簽訂《特許加盟合約》和《商標使用許可合約》了。與此同時,特許總部將授予加盟商相應的身份證書和標識。

8. 加盟店開業籌備

加盟商在取得加盟資格後,特許人就應組織受許人單店的營建工作了。主要是按照單店的《開店手冊》和《營運手冊》進行實踐操作。

在單店建店並運營時,特許人一般還應派遣特許總部人員或委託分部相關人員前去實地指導和幫助,以便加盟店可以順利地開張和運營。在單店開業時,特許總部還要派遣高層領導親臨現場開業

儀式。

在開業後，為了正常度過試運營期，特許總部還應派遣管理、技術等關鍵問題專家，在受許人單店裏進行為期 1-3 個月的跟班指導，直至受許人可以獨立進行正常單店運營為止。

4 招募方式的選擇

加盟總部制訂招募計劃時，首先要確定下列各種合適的招募方式或招募途徑。招募方式基本可以分為兩類：由欲加盟者主動接洽，特許經營企業主動尋找。發展初期的特許經營企業由於不具備較高的知名度，大都選擇主動出擊；而具有一定知名度的企業則主要接受申請者的接洽。

1. 展覽會和招商會

國內外經常有行業協會組織舉辦特許經營展覽會和招商會，會上除了展覽各種業務外，還舉辦相關主題的研討會，這種形式對特許經營企業和加盟商來說都比較容易接受。

2. 媒體招募

使用媒體進行宣傳有時不僅為了招募加盟商，也可以建立企業的知名度，對潛在加盟者有較強的引導作用。特許經營企業在選擇媒體時要注意其傳播地區、傳播目標及接觸頻率等，以形成媒體組合優勢。常用的媒體包括電視廣告、報紙廣告、雜誌廣告、車廂廣

告等。在眾多媒體中,大部份特許經營企業摒棄了價格昂貴的電視廣告,一般選擇適合招募加盟商且效果比較好的專業雜誌、報紙或行業內媒體。如果本行業擁有針對目標顧客或連鎖會員發行的刊物,也可以視為一種好的媒體加以宣傳。

3.人員招募

企業設有專職的特許經營業務拓展人員負責加盟工作,這些專職人員對於潛在加盟者或地段不錯的獨立店,會採取主動約談的方式,說服店主加盟特許經營事業。對於零散的有意向的加盟者,也會由這些專職人員負責解說和說服。

4.店面POP宣傳

開展特許經營的連鎖企業,通常擁有相當數量的門店,所以在店面以 POP 方式傳遞招募資訊是常用的招募方式。POP 廣告(point-of-purchase advertising)稱為店面廣告,是因為其成本費用較低;另一方面是考慮潛在加盟者在門店出現的可能性較高,配合門店的業務展示及實際的經營狀況,通常比文字和口頭宣傳更具說服力。

5.內部創業制度

內部創業制度是專門針對招募內部員工成為加盟者而設立的一種制度,一方面是對現有員工的一種激勵,另一方面也為企業解決加盟者的來源問題。對於許多成熟的特許經營企業而言,最好的加盟者莫過於在企業長期工作並對企業運作流程十分熟悉的內部員工。這些員工有豐富的操作經驗,能完全接受企業的文化,能確保加盟店的經營素質及水準,可使特許經營的風險降到最低。目前許多加盟總部紛紛設立自己的內部創業制度,一方面可以提高開店

的成功率，另一方面可以為員工提供職業發展計劃。

7-11 便利店經常鼓勵內部員工成為加盟者，其開放經營一年以上，營運良好的門店供內部加盟者選擇。

5 加盟指南的文件準備

加盟總部在正式招募加盟者之前，必須提前準備好相關的招募宣傳文件和有關法律文件。

特許人基本資訊披露文件主要包括以下內容。

① 特許人的名稱、住所、法定代表人、註冊資本額、經營範圍以及從事特許經營活動的基本情況。

② 特許人的註冊商標、企業標誌、專利、專有技術和經營模式的基本情況。

③ 特許經營費用的種類、金額和支付方式（包括是否收取保證金以及保證金的返還條件和返還方式）。

④ 向被特許人提供產品、服務、設備的價格和條件。

⑤ 為被特許人持續提供經營指導、技術支援、業務培訓等服務的具體內容、提供方式和實施計劃。

⑥ 對被特許人的經營活動進行指導、監督的具體辦法。

⑦ 特許經營網點投資預算。

⑧ 在中國境內現有的被特許人的數量、分佈地域以及經營狀況

評估。

⑨最近 2 年的經會計師事務所審計的財務會計報告摘要和審計報告摘要。

⑩最近 5 年內與特許經營相關的訴訟和仲裁情況。

一般而言,招募加盟的相關文件包括:加盟指南、宣傳推廣手冊、加盟申請表、特許加盟意向書、加盟常見問題與解答、特許經營合約、資訊披露書等。

加盟總部開展特許經營業務,宣傳推廣活動是必不可少的,要編制一本富有吸引力的加盟指南或宣傳手冊,以便在推廣活動中提供給潛在加盟者。宣傳手冊還需要對企業的資訊披露十分謹慎,對文字十分考究,這是考驗加盟總部策劃人員水準的一項工作,一些加盟總部會委託外部專家負責加盟指南或宣傳手冊的起草工作。

一本完整的加盟指南或宣傳手冊應該包括如下內容:

(1)加盟總部基本資訊

加盟總部基本資訊包括加盟總部企業名稱、發展歷史、加盟總部創始人、加盟總部機構、加盟聯繫電話、加盟聯繫人、傳真、網站、位址、郵遞區號、郵箱、來加盟總部的交通路線。

許多加盟總部為了增強潛在加盟者的信心,常常會在這一欄目中重點介紹企業的發展歷程,包括企業的重大事件和所獲得的各種獎項與稱號。還有的加盟總部會在這部份加上一段「總裁寄語」或「寫在加盟前」,以表達對潛在加盟者的歡迎態度並傳遞加盟信心。

(2)企業文化

加盟總部都希望將自己所推崇的信念傳遞出去,並能獲得潛在加盟者的認同。獨特的企業文化往往成為特許經營體系各個環節緊

密協作、奮力向前的接力棒,使所有的加盟商、供應商、服務商成為合作夥伴,讓所有的員工合力同心。

企業文化往往也是一個特許經營體系品牌的濃縮,有時候可以用一句口號高度概括出來,而且隨著時間的推移,這一文化精髓也會有所改變。

(3)產品和行業介紹

選擇什麼樣的行業以及何種特色的產品進行投資是每一個潛在加盟者的關注重點。對於加盟總部而言,競爭對手並非僅是來自同一行業的競爭者,還有來自其他行業的爭搶同一類潛在加盟者的競爭者。因此,加盟總部需要加強投資者對本行業的信心以及對本產品的信心。需要介紹行業未來的發展空間,以及本企業所提供的產品的特點。

行業的發展空間是潛在加盟者選擇的第一要素,但具體到選擇那一個品牌,他們還要對該行業的不同品牌進行仔細的分析。加盟總部要吸引他們的目光,還需要特別說明自己產品的特點。其實,只要細心觀察,就會發現同一行業中的許多特許經營品牌各有其特色。由於不同品牌的市場定位不一樣,目標顧客不一樣,推出的產品和服務也會有所區別。

(4)特許經營優勢及加盟總部支持

加盟總部提供的產品必須在市場上有競爭力之外,加盟總部還需要強調其對加盟商的各項支持政策,以打消潛在加盟者的疑慮。許多加盟總部在招募文件中都會介紹加盟創業的優勢,如縮短創業摸索期、快速獲得行業專有技術、不需要自行研發、提高創業成功率、體現連鎖品牌效益、降低開店與運營成本、獲得長期性和全面

性技術及資訊支援等。

特許經營優勢和加盟總部支持是招募手冊的重點內容。

⑸加盟模式及投資回報

加盟模式是特許權設計的承載方式，一定要介紹清楚，尤其是每種加盟模式的相關費用，以表格的形式直觀、清晰地列出來，便於潛在加盟者比較分析。

H 牌洗衣加盟總部設計了四種不同的加盟模式，分別是收衣店、洗衣店、旗艦店和區域合作。表 5-1、表 5-2 介紹了洗衣店加盟模式的投資情況和獲利分析情況。

⑹加盟者的條件

條件不要太苛刻，因為過於苛刻的條件容易將本來合格的潛在加盟者拒之門外。在設計這部份內容時，可以用詞稍微含糊一點，儘量不要將合格的潛在加盟者排除在外。

下面是某桂花鴨對加盟商的要求：

①認可和接受桂花鴨的特許連鎖經營模式；

②有食品行業或專賣店管理經驗；

③具有一定的經營和管理能力；

④能接受公司的統一管理和指導；

⑤有 10 萬元以上的資金實力；

⑥有良好的社會關係和處理人際關係的能力。

表 5-1　洗衣店加盟模式投資介紹

	小型店	中型店	大型店
設備投資(萬元)	11.5	22	31
設備配置：電腦全自動乾洗機(18千克)(台)	1	1	1
電腦全自動洗衣機(18千克)(台)		1	1
全自動烘乾機(18千克)(台)		1	´1
萬能處理台(台)	1	1	1
蒸汽發生器(台)	1	1	1
衣物包裝機(台)	1	1	1
旋風燙台(台)	1	1	2
電腦萬能人像機(台)			1
電腦全自動衣物輸送線(台)			1
POS機(台)			1
電腦洗衣軟體(套)	1	1	1
面積要求(㎡)	50以上	80以上	100以上
僱用人數(人)	3～4	4～6	6～8
合約期限(年)	3	3	3
加盟金(萬元)	3	北京、上海5；其他地區3	北京、上海5；其他地區3
保證金(萬元)	3	3	3
特許權使用費(3年)(萬元)	1.5	1.8	2.1
電力需求	20KW/380V	30KW/380V	80KW/380V

表 5-2　洗衣店加盟模式投資獲利分析

設定條件	損益平衡	營業利潤					
		9.74%	33.16%	34.25%	36.21%	40.78%	41.96%
每日收件(件)		53	60	90	120	150	200	250
每月收件(件)		1590	1600	2700	3600	4500	6000	7500
件單價(元)	17	17	17	17	17	17	17	17
客件數(件)	3	3	3	3	3	3	3	3
日來客數(人)		17.67	20	30	40	50	66.67	83.33
月來客數(人)		530	600	900	1200	1500	2000	2500
客單價(元)		51	51	51	51	51	51	51
洗衣成本(元)	0.20	0.20	0.20	0.20	0.20	0.20	0.20	0.20
年營業收入總額(元)		324360	367200	550800	734400	918000	1224000	1530000
月營業收入總額(元)		27030	30600	45900	61200	76500	102000	127500

續表

洗衣服務(元)	27030	30600	45900	61200	76500	102000	127500
營業成本(元)	5406	6120	9180	12240	15300	20400	25500
洗衣成本(元)	5406	6120	9180	12240	15300	20400	25500
營業毛利(元)	21624	24480	36720	48960	61200	81600	102000
營業費用(元)	21500	11500	21500	28000	33500	40000	48500
租金(元)	6000	6000	6000	10000	13000	17000	23000
薪金(元)	8000	8000	8000	10000	12000	14000	16000
前台耗材(元)	2500	2500	2500	3000	3500	4加0	4500
折舊(元)	5000	5000	5000	5000	5000	5000	5000
營業淨利(元)	124	2980	15220	20960	27700	41600	53500
每月稅前淨利(元)	124	2980	15220	20960	27700	41600	53500
每年稅前淨利(元)	1488	35760	182640	251520	332400	499200	624000

(7)常見問題解答

企業網站會將一些常見的加盟問題列出來並給予回答,以幫助潛在加盟者瞭解企業或進行決策。不同的加盟總部會遇到不同的問題,常見的問題有:

①為什麼要選擇我們的特許經營體系?

②特許經營體系的業務主要包括那些內容?

③加盟總部在那些地方開展了特許經營業務?

④具體的加盟方式有那些?

⑤加盟總部給加盟者提供那些支援?

⑥加盟商可以是幾個人共同擁有嗎?

⑦加盟商應支付那些特許經營費用?總投資是多少?

⑧加盟店裏出售的商品或提供的服務有無限制?

⑨一個新的加盟店從簽約到正式開店需要多長時間?

⑩加盟商若退出加盟會有那些方面的限制?

目前,加盟總部往往會在自己的特許經營網站上詳細列出加盟指南的各項內容,但在參加特許經營招商會時,還要編寫一份宣傳書。這份宣傳書印刷精美,是上述加盟指南內容的濃縮,目的是在潛在加盟者心中留下深刻的印象。

編寫宣傳說明書一般要注意以下幾個方面:一是語言生動,用詞要富有吸引力和感染力;二是內容真實,不要有誇大其辭的承諾和宣傳用語;三是內涵深刻,要將特許經營事業的企業精神提高昇華,引發人們的精神需求;四是編排巧妙,藝術地設計宣傳書版面,將重要內容用多種形式巧妙地呈現出來。

6 三階段培訓體系設計

加盟商一旦加入，是加盟總部與消費者之間的橋樑，也是加盟總部獲得市場利益的中間節點，因此，打造良好的加盟商隊伍已成為加盟總部在市場競爭中獲取核心競爭力的關鍵。

一般而言，加盟總部對加盟商的培訓主要有三個階段，每一階段加盟商的培訓需求不同，因而培訓內容和採取的培訓方法都應有所不同。

1. 開業前培訓

加盟雙方一旦簽訂特許經營合約，加盟者就要按規定接受加盟總部的培訓。

培訓時間一般在門店開業前一週或一個月，有的甚至更早，如麥當勞公司的培訓要提前半年以上。這個時期的培訓一般以課堂講授為主，也有現場實踐，在授課結束之後往往在樣板店實習一段時間，加盟商考試合格之後方能獨立開店。授課的內容非常廣泛，包括加盟總部的方針政策、人員管理、採購、銷售、促銷、財務管理、操作技能等。這些內容都寫在一本培訓手冊中，培訓手冊涵蓋了所有特許經營體系的制度和運作流程，是加盟總部知識產權的綜合。

2. 開業培訓

開業培訓是在加盟店正式營業的初期對加盟商進行的現場培訓。

　　加盟總部往往會派出培訓部成員或督導人員與加盟商一起工作，解決開業時所面臨的各種難題。當然，有些小規模的特許連鎖企業還無法提供這一培訓服務，這也是考驗加盟總部服務水準的一個重要環節，因為這個時期的培訓對加盟商而言是十分重要的。課堂講授的知識轉變成加盟商的實際經驗，有一定難度的，即使加盟商經過了一定時期在樣板店的實踐，但由於各門店所面臨的問題不一樣，在剛開業時各方面尚未走上正軌，此時加盟商非常希望加盟總部能扶他一把。大多數加盟總部相信，從開業前培訓到開業培訓最好由同一培訓員提供服務，這種親近感有助於加盟雙方建立良好的業務關係，並能贏得加盟者的忠誠、工作熱情和團隊精神。

3.後續培訓

　　加盟總部對加盟商的後續培訓沒有統一的模式，其方式因企業不同、行業不同而大不相同。有些加盟總部在加盟店開業後再沒有正規的培訓項目，而是將後續培訓交給督導員去做；有些加盟總部在季、半年或年度的交流會上提供培訓；有些加盟總部則在需要時就加盟商感興趣的話題舉行研討會。一些大型特許經營企業制訂計劃進行定期的再培訓，以保證加盟商的知識不斷更新。

7 在日本的麥當勞特許連鎖方式

在日本的麥當勞店鋪的特許連鎖制度，具有非常嚴格的程序：

1. 不動產的提示和履歷書的提出

由麥當勞總部的店鋪開發部負責提供不動產的情況。

2. 適應性考試、面試、操作考試以及健康檢查

⑴適應性考試和面試的要領與麥當勞僱用普通員工時相同。

⑵操作考試在指定店鋪進行，大約需要一星期的時間。

⑶進行健康檢查，並提出診斷書。

3. 特許連鎖合約的說明

⑴特許連鎖合約的期限。

⑵特許連鎖合約的金額（加盟金、保證金）。

⑶特許連鎖合約的更新。

⑷廣告宣傳費。

⑸特許費。

⑹出租費。

⑺店主或經營者的培訓。

⑻資金（加盟金、保證金、內裝費用、出租費、開張雜費、小物品的買進、其他培訓費以及運轉資金）。

4. 第二次面試

⑴社長的最終面試。

⑵社長面試合格後，可以提交特許連鎖合約的簽約申請書。

⑶向銀行匯申請保證費。

5. 經理班子(3～4名)的決定

⑴進行適應性試驗。

⑵進行健康檢查，並提出診斷書。

⑶進行 FC、統括經營監督管理員和店主的面試。

⑷進行培訓。

6. 特許連鎖合約的簽約

⑴準備特許連鎖合約簽約的必需資料。

①印章證明書(法人、代表者個人、連帶保證人)。

②法人註冊登記副本。

③股東名冊(法人的場合)。

⑵在進行特許連鎖合約的簽約之前，向銀行匯加盟金、保證金的剩餘金額。

⑶準備兩份特許連鎖合約書。

⑷制定特許費的備忘錄。

⑸在店鋪開張以後簽訂出租合約。

7. 開始店鋪實習

8. 第二店長代理的檢查

9. BOC 講座(包括考試)

10. 店長的檢查

11. AOC 講座(包括考試)

店主或經營者在店鋪開張以前必須接受 AOC 講座。

12. 店鋪設計的第一次商談(約 4 個月前)

利用平面圖紙進行說明。

13. 店鋪設計的最終商談(約 3 個月前)

⑴最終說明。

⑵辦理營業許可書的申請手續。

⑶開始進行預算書的製作。

14. 店鋪正式開張的商談(約 2 個月前)

⑴決定擔當 FC。

⑵進行各種物品的購買。

⑶進行店鋪正式開張的廣告宣傳。

⑷在店鋪正式開張以前制定日程表。

⑸對保險進行商談。

⑹對工程進行說明。

⑺與防火管理責任者進行商談。

15. 店鋪運行的商談

⑴店主的作業評價。

⑵金融評價。

⑶店鋪的運行方針。

⑷提出資料一覽表。

16. 店鋪運行試驗

麥當勞在處理總部與加盟店鋪關係上始終堅持互惠互利、共同致富的原則,這一點在徵收特許費方面表現得尤為突出。所謂的特許費是指加盟店鋪支付的麥當勞特許連鎖制度的使用費以及在加盟期間接受麥當勞各種指導和服務的費用。麥當勞的特許費採用與

店鋪銷售額掛鈎的徵收方法(基本料＋等級料)，首先由店鋪每月暫時向麥當勞總部支付一定金額，然後每年再進行一次清算。例如在麥當勞，年營業銷售額為 1.2 億日元的加盟店鋪的特許費為 5%，年營業銷售額為 5 億的加盟店鋪則為 10%，如此以各個店鋪的營業銷售額為基準規定特許費的徵收金額，而現實中的其他連鎖總部對特許費一般都是採取統一徵收的方法，但是只要仔細推敲一下就會發現麥當勞的特許費徵收制度是相當合理的，因為比起年銷售額 1.2 億日元的加盟店鋪來年銷售額 5 億日元的加盟店鋪需要層次更深、範圍更廣的指導。

日本麥當勞的員工特許連鎖制度

1. 成為特許加盟者的員工必須擁有以下資格

⑴在麥當勞工作 10 年以上，身心健康，且夫婦雙方能夠同心協力地從事麥當勞店鋪經營的員工。

⑵老資格店長或者擁有事務等級五級以上資格的、為麥當勞公司做出卓越貢獻的、已經得到上司獨立許可的員工。

⑶在特許加盟金和保證金以外有能力支配 800 萬日元資金的員工，其資金可以是自己資金也可以是沒有利息的償還自由的資金。

⑷熱愛麥當勞事業，能夠專心從事麥當勞店鋪經營的員工。

2.進行特許加盟申請的程序

⑴直接向上司說明自己的希望,取得所屬部長以及本部長的許可。

⑵在員工特許連鎖註冊申請書中進行有關事項的記錄,並取得所屬部長以及本部長的許可印。

⑶在申請書中附上銀行存款證明書等有關資金調配的資料,向特許連鎖部提交。

⑷向指定的銀行賬號處匯申請保證費。

3.店鋪不動產的提示

⑴一般來說,對目前正處於經營中的店鋪進行評判,對符合條件的不動產則附上簽約條件和參考資料等進行提示。

⑵根據培訓和店鋪經理班子的情況,決定具體的店鋪開張日期。

⑶根據情況,麥當勞也對自己已經確保的新不動產進行提示。

①原則上必須具備在各地開張店鋪的條件。

②要保證在距離店鋪 1 小時(利用公共交通工具)以內的地方居住。

4.特許連鎖合約的內容

⑴麥當勞店鋪經營的業務委託合約。

⑵合約期限自開張日起 10 年,10 年以後重新進行簽約。

⑶加盟金、保證金。

⑷一般情況下,員工特許連鎖的一號店鋪採取 BLF 方式開始經營。

⑸取得特許連鎖使用權以後的員工向麥當勞支付以下資金:

①特許費。

②廣告宣傳費。

③ BFL％。

⑹如果麥當勞提供的是新不動產，那麼在店鋪正式開張時要負擔以下費用：

①麥當勞負擔項目：向不動產所有者支付保證金、押金、建設協助金、電話加入權金以及一項在 10 萬日元以上的日常備品、內部裝修、招牌等的建設費。

②加盟者負擔項目：店鋪正式開張時的宣傳費、培訓費、工作服費以及一項在 10 萬日元以下的日常備品費、客戶支付的日常用品購買費。

5. BFL 方式的說明

(1) BFL 方式的定義

加盟者最初不需要準備購買店鋪的資產，由麥當勞負擔店鋪資產、基本費用（保證金、押金、建設協助金、建設成本等）和租金，然後再出租給加盟者的方式。加盟者在自店鋪開張一年以後到三年以內將店鋪資產購買下來，轉為普通加盟者。

(2) BFL 方式的特徵

①加盟者沒有足夠的資金也可以開業。

②通過店鋪的經營，在 BFL 期間可以籌備足夠的資金進行店鋪資產的購買。

③購買價格以過去一年的店鋪經營狀況為依據進行計算，公平合理。

④店鋪開張的風險由麥當勞總部和加盟者共同承擔。

(3) BFL 方式的內容

① BFL 由特許料、廣告宣傳費、BFL%構成。

②特許料採用與店鋪銷售額掛鈎的徵收方法。

③廣告宣傳費的金額由店鋪銷售額決定。

④BFL%由店鋪、倉庫、事務所的租金、固定資產稅、折舊費、利息以及出租費決定。

(4)加盟者實習

①新加盟者通過購買店鋪資產成為普通加盟者的過程在麥當勞被稱謂加盟者實習。

②由本部長會議根據店鋪開張一年以後到三年以內的最近一年的營業銷售額的百分比決定金額，然後從中扣除剩餘出租料所得到的金額，或者殘餘賬面的較高價格進行固定資產和經營權的購買。

心得欄 _____

_____

_____

_____

_____

_____

9 招募加盟商的工作流程

加盟總部對外招募加盟商，要經過以下步驟：

1. 招募宣傳，發佈資訊

準備開展特許經營的連鎖企業向社會公開發佈加盟資訊，發佈的方式既可以採取上述的招募加盟方式，也可以開記者招待會專門向社會發佈。例如，麥當勞進入中國十多年一直沒有開展特許經營業務，直到 2004 年年底，麥當勞才通過新聞發佈會正式宣佈準備在中國開展特許經營業務，此消息立刻受到社會關注，並立即引來大量投資者諮詢。

2. 回應潛在加盟者的詢問

當招募資訊發佈出去並引起一些潛在加盟者的興趣後，緊接著會引來關注，他們會打電話諮詢或前來加盟總部諮詢。加盟總部必須安排專人負責回應潛在加盟者提出的基本問題，以進一步增進雙方的瞭解。這一階段一般都是僅就初步加盟意向進行解說，主要是為了回應有意加盟的人，並且對其作初步甄選，一些加盟總部甚至提供 24 小時熱線電話回應潛在加盟者的詢問。

3. 向感興趣的人士提供基本加盟資料

如果潛在加盟者對詢問事項初步滿意，加盟意向就會增強，就會進一步向加盟總部索取有關資料。若加盟總部也認為該潛在加盟者符合基本條件，一般會滿足他的要求，提供一份比較完整的書面

資料以供其參考。此階段提供的資料比較簡單,包括對加盟事業的簡要介紹和特許經營費用的解釋。當然,加盟總部要慎重考慮此階段提供的資料的詳細程度,因為完全有可能是競爭對手在試探本企業的經營狀況。為了進一步確定加盟者的誠意,一些加盟總部還會收取一定的費用才提供比較詳細的加盟資料。

4.初步約談

由於很多潛在加盟者的條件和特徵,不容易從電話或書面資料中判斷出來,加盟總部負責人往往會要求與潛在加盟者面談,面談的方式可以是個別約談,也可以是團體座談,甚至包括樣板店參觀。面談過程不僅是瞭解潛在加盟者的特徵、條件的過程,也是瞭解加盟者的理念並向加盟者解釋相關權利和義務等有關問題的過程。在這一過程中,加盟總部往往要求潛在加盟者填寫一份加盟意向書,以便瞭解潛在加盟者的基本情況。

5.加盟者條件評估

在確定初步約談的潛在加盟者的基本條件合格之後,加盟總部會對他的條件進行正式評估,包括潛在加盟者的個人條件、資金條件、家庭條件等。一些加盟總部要求潛在加盟者必須有自己的店面或承租店面,在這一過程中,一個重要的內容是對加盟店的地點進行評估。因為店址對加盟店的經營成敗具有決定性作用,而加盟店的成敗又直接關係到整個加盟體系的形象,所以在正式簽約前,一次或者多次到加盟店評估店址是必要的工作。店址的評估包括商圈評估、各時段的人流量、交通狀況、競爭激烈程度、目標顧客的消費狀況及城市未來發展趨勢等。

6. 加盟計劃的溝通

在確定潛在加盟者符合加盟總部要求的條件後，接下來加盟總部要與加盟者進行詳細的加盟計劃溝通。加盟計劃的內容很多，包括何時開店、開店類型、店面裝修、員工培訓、人員安排和資金安排等，其中人員安排和資金安排又是溝通的重點。加盟店設立後，加盟總部會依據過去的經驗及實際賣場的規劃，提出編制人數建議，再與加盟者溝通。對於招聘店面管理人員有困難的加盟者，加盟總部除了給予輔導外，在新店開業及重要促銷活動時，也會給予人員協助或支持，但以短期為限。如果加盟者一直找不到合適的人員，經營多年的加盟總部多半已經建立了一個人力資源庫及人力招募管道，可將資料提供給加盟者參考。

資金安排也是加盟總部與加盟者溝通的重點，加盟者是否有足夠的加盟資金和開店後的運轉資金，如果資金不足，加盟總部會與加盟者溝通融資問題。加盟總部要就經營費用安排和利潤分配與加盟者達成共識。此外，對於成本的控制、資金的運用、人員的薪資等，加盟總部都會對無經驗的加盟者進行輔導並給予幫助。

7. 正式簽約

當加盟雙方溝通完畢，並在許多方面達成一致後，接下來就是正式簽約。所有上面涉及的加盟雙方的權利和義務，以及一些管理上的重要事項，都必須經過簽訂合約正式確認。簽約完成後，潛在加盟者成為正式加盟者，要先交納一筆加盟費，然後由加盟總部對其進行正式培訓並做開店準備，一旦準備工作就緒，加盟者就可以正式開業了。

10 加盟商甄選條件

對於加盟總部來說，特許經營事業是否能夠成功，選擇合適的加盟者是關鍵因素之一。因為加盟總部與加盟者之間的關係並非僱用關係，而是唇齒相依的夥伴關係，加盟總部一旦選定了某位加盟者，在合約生效期間不能隨意解除合作關係。而如果這位加盟者的素質達不到要求，將對整個特許經營系統造成不良的影響。許多加盟總部為了儘快增加分店的數目，往往來者不拒，結果在真正開展業務的時候，才發現一些加盟商的條件不符合要求，這樣，不僅影響整個體系的運作，也造成了不少管理上的問題。

不同行業和類型的特許經營企業對加盟者的要求也不盡相同，加盟總部在開展特許連鎖事業之初，就應清楚考慮加盟者所應具備的條件。例如，一些零售加盟體系在招募加盟商的時候，要求加盟商必須親力親為，負責分店的管理；還有一些加盟總部在招募加盟商時，只招收那些非同行者，以確保對方不會有既定的概念或自以為是的態度。儘管如此，大多數加盟總部在長期的加盟合作過程中，還是可以發現適合及不適合擔任加盟店店主的人的部份特質的。加盟總部的招募條件中若能明確做出規定，將有利於加盟總部找到合適的合作夥伴，為長遠的互惠互利關係鋪平道路。

一般而言，加盟總部需要在加盟者、加盟店鋪、資金情況和其他方面設立一些基本條件。

1. 加盟者的素質條件

一個合格的加盟者應具備以下幾個方面的素質:

· 具有一定的工作經驗和一定的管理水準;

· 對特許經營及本公司理念有一定的瞭解;

· 事業心強,有一定的幹勁和毅力;

· 善於與人合作;

· 能親自參與經營管理;

· 身體健康,婚姻狀況正常。

許多加盟總部都要求加盟者具備一定的工作經驗和管理水準,是否一定要具備本行業的工作經驗,則不同行業要求不同。一些特殊行業,如會計師事務所等,對本行業相關經驗和資格證書的要求十分嚴格;而另一些行業,如速食店或便利店等,若加盟總部有十分完善的培訓計劃,也可以招收沒有本行業工作經驗的加盟者,但通常會相應提高加盟者的學歷和潛力要求。

如果加盟總部對專業技術有一定要求,它會要求申請者對企業、商品具有一定程度的瞭解,並要審查潛在加盟者是否認同企業的經營理念,以達到企業要求的標準。對於可以靠教育培訓補充專業知識的加盟總部,這方面的要求不會太高,只是瞭解潛在加盟者對企業的認識如何。

加盟者的事業心強,這一點是最難衡量的,但非常重要。有些加盟總部對加盟者是否具有本行業相關經驗並不看重,但對加盟者是否有幹勁和毅力,是否有強烈的成功慾望這一點則非常看中,這也是考察一個加盟者未來是否具有發展潛力的重要因素。自己創業與在公司工作是很不相同的,加盟店開業初期可能發生很多困難,

能否度過艱難時期，需要加盟者有一定的心理準備，有強烈的事業心，否則很容易被失敗打倒。

　　加盟者的健康狀況也是十分重要的，加盟店開業之初，事務會比較繁忙，加盟者的體力和精力必須足夠充沛，才能堅持處理繁忙的運營事務。當然，個人的品質也是十分重要的，加盟者是否具有誠實的品質，是否能吃苦，是否有責任心等，都是考察的因素。許多加盟總部願意招募已婚者，因為已婚者可能更有責任心。

2. 加盟店鋪的基本條件

　　許多加盟總部只招募那些已經有自己的店面或租賃店面的加盟者，對這些店面的審查也就成了加盟者是否符合條件的一個關鍵因素。店鋪的審查主要包括以下幾個方面：一是營業面積，各類企業都有適合自己的營業面積，加盟者的店面大小要適合開設該類加盟店；二是立地條件，如交通條件、週圍設施、城市未來發展狀況、發展潛力等；三是競爭狀況，如週圍競爭對手的多少、競爭對手的優勢與劣勢等；四是客源情況，如基本客流量大小、客源特點等。

3. 運營資金條件

　　加盟者必須有足夠的加盟資金和開店運營資金。加盟資金主要有加盟金、保證金及日後的權利金和廣告促銷費等，開店運營資金主要包括開店的商品週轉資金、員工薪資、店鋪租金、水電費用等，加盟總部一般會有一個總的資金要求。如果加盟者暫時沒有備齊資金，必須提供可行的籌資方案。

4. 其他方面

　　其他方面的條件根據不同企業的要求有所不同，諸如加盟者的家庭是否和睦，家庭成員是否贊成，配偶是否能共同參與。有些企

業規定申請者必須為夫妻兩人，主要是因為夫妻兩人能互相幫助和
支持，即使遭遇困難也可以相互鼓勵，共渡難關。儘管多數加盟總
部沒有硬性要求必須夫妻兩人共同申請，但在考察申請者時，卻要
求配偶一同前來，主要是瞭解配偶的態度，看配偶是否支持申請者。

表 10-1　著名企業對加盟者的選擇標準

公司	加盟者選擇標準
麥當勞	富於創業精神、強烈的成功慾望。能夠激勵、培訓員工。具有管理財務的能力。願意用所有時間、盡最大努力經營企業。願意完成全面培訓和評估計劃。經濟條件合格
波士頓比薩	必要的資本投資和經濟條件。人力資源，包括人事管理。當地市場的從業經驗。願意與波士頓比薩合作。強烈的成功慾望、勤奮工作，有成功的發展潛力
Jungle Jims	我們只接受那些經合理調查，表明擁有必需的技術、教育、個人素質和經濟來源，能夠滿足成功餐館經營需要的加盟者。我們會對加盟者的活動適當監督，為公眾、其他加盟者、員工和供應商保護特許經營體系的完整性
Gelare	無需特殊經驗。加盟者選擇過程更注重應徵者的個性和個人素質。我們認為一個成功的加盟者需要有團隊精神，對產品和服務充滿責任感和誠信。良好的人際關係和顧客關係、有抱負、正直、有成功的慾望、勤奮工作和有充足的精力。所有的應徵者都應意識到，特許經營不是被動的投資，而是要全力以赴
Wendy國際（澳大利亞）	積極的態度，提供出色客戶服務的能力，和員工良好合作的能力。強烈的成功慾望，願意積極投身Wendy的特許經營事業。充滿精力和熱情。能夠加以引導，願意接受改變，有團隊精神，願意成為特許經營體系的一部份

表 10-2　加盟者資格審查表

評估項目		權重(%)	很好	較好	一般	較差	很差
加盟者本身條件	工作經驗	40	5	4	3	2	1
	學歷狀況		5	4	3	2	1
	專業知識		5	4	3	2	1
	經營理念		5	4	3	2	1
	婚姻家庭狀況		5	4	3	2	1
	個性特徵		5	4	3	2	1
	潛力及可塑性		5	4	3	2	1
	對公司的瞭解		5	4	3	2	1
	溝通、領導能力		5	4	3	2	1
資金狀況	加盟金	30	5	4	3	2	1
	保證金及擔保物品		5	4	3	2	1
	資金狀況		5	4	3	2	1
	貸款能力		5	4	3	2	1
	營業週轉金		5	4	3	2	1
加盟店地址	商圈種類	30	5	4	3	2	1
	商圈範圍		5	4	3	2	1
	客源調查		5	4	3	2	1
	競爭店狀況		5	4	3	2	1
	交通狀況		5	4	3	2	1
	公共設施		5	4	3	2	1
合計							

表 10-3 小肥羊加盟申請表

一、申請加盟區域概況

_____省(市/自治區) _____市(自治旗) _____縣(盟/區)

人口_____萬 面積_____

二、申請加盟者概況

A.企業法人加盟填寫

企業名稱		企業類型	
註冊地址		註冊資本	
經營範圍			
法定代表人		聯繫電話	
傳真號碼		電子郵件	
聯繫地址		郵遞區號	
其他			

B.自然人加盟填寫

姓名		性別	
出生年月		身份證號碼	
聯繫電話		傳真號碼	
電子郵件		其他聯繫方式	
聯繫地址		郵遞區號	
從事職業		有無餐飲經驗	
經歷概述			

C.預選店址情況調查表

	預選店址	臨近預選店址的物業

續表

名稱				
地址				
面積（M²）				
租金 （萬元/年）				
租期（年）				
結論	預選店址租金是否低於市場	租金價格水準是否合適： □是　　□否		

預選店址物業情況（結構、層高等）：

結構：（混凝土鋼筋框架結構或老式磚瓦結構；所選房屋樓層結構：一層或多層；
　　　每層面積分布）

層高：（每層房屋地面到房頂的高度各是多少）

預選店址配套設施（水電、排風等）：

水：（有無供水、排水管道；排水管道橫截面直徑大小）

電：（電容功率大小，有多少瓦）

燃氣管道：（是否接入燃氣管道；天然氣或煤氣）

排風管道：（房屋外部環評批復及內部層高是否滿足安裝排風管道）

冷氣機設施：（房屋層高是否滿足安裝中央冷氣機或頂掛式單機冷氣機；冷氣機
　　　　　設施製熱、製冷效果是否理想）

備註：可參考租金調查方法有如下幾種，申請人可選擇使用：A.詢問當地房產
交易所；B.實地訪問被調查物業；C.收集當地媒體資訊；D.房地產仲介機構評
估；E.用投資價格評估法評估。

續表

D. 市場調研

1. 商圈概況：

商圈：指以預選店面為圓心，半徑1000米或驅車5分鐘時間範圍內的消費圈。

學校	
社區	
百貨零售業	
交通	

競爭對手分析（主要為當地火鍋業經營狀況，如數量、人均消費等）：

競爭對手1：火鍋店

預估每天營業額：

人均消費：

產品特色及口味：

服務水準：

裝修檔次及新舊程度：

其他：

競爭對手2：火鍋店

預估每天營業額：

人均消費：

產品特色及口味：

服務水準：

裝修檔次及新舊程度：

其他：

續表

2.商圈人流調查表(包括預選店址及競爭對手)(單位:人):

新址商圈人流統計			
新址 第___星期	11:30～14:30 (3個小時)	17:30～20:30 (3個小時)	Total
___年___月___日;週___			
___年___月___日;週___			
___年___月___日;週___			
Total			
競爭對手來客數統計			
競爭對手 第___星期	11:30～14:30 (3個小時)	17:30～20:30 (3個小時)	Total
___年___月___日;週___			
___年___月___日;週___			
___年___月___日;週___			
Total			

3.AC(客單價)預估:_____ TC(來客數)預估:_____

4.日均營業額預估:

5.商圈內人口數量、職業狀況、年齡分佈情況:

6.商圈內潛在消費群體消費習性、生活習慣分析:

7.商圈未來發展前景分析:

E. 附件資料

□自然人申請需提交資料：

1. 身份證影本；

2. 預選店址內部架構、外立面、週邊商圈、競爭對手照片。

□企業法人申請需提交資料：

1. 企業營業執照影本；

2. 法定代表人身份證影本；

3. 驗資證明；

4. 預選店址內部架構、外立面、週邊商圈、競爭對手照片。

F. 資料提交管道

1. 發送至電子郵箱：

2. 傳真至加盟中心：

申請日期：　　　年　　月　　日

心得欄 _____

_____

_____

_____

_____

_____

11 特許加盟的核心競爭力構成

企業要特許加盟，本身必須有核心競爭力。特許加盟企業的核心競爭力是企業在長期市場競爭中所形成的，對企業的各種資源與市場進行有效整合的核心能力。它是特許加盟企業根據激烈的市場競爭和企業的實踐，在自己的經營管理中所形成的一種特有能力，是在一般競爭力的基礎上昇華而形成的能力。

1. 品牌力

企業品牌競爭力是指企業獨具的、支撐企業可持續性競爭優勢的形象和文化整合能力。它可更詳細表達為，企業品牌競爭力是企業長時期形成的，蘊涵於企業內質中的，企業獨具的，支撐企業過去、現在和未來競爭優勢，並使企業長時間內在競爭環境中能取得主動的競爭能力。

品牌是特許加盟企業的生命，是特許加盟企業服務和品質的保證。特許加盟企業之所以能夠得到持續快速的發展，一定程度上也是特許加盟企業的品牌效應在不斷放大的過程。美國消費者協會曾做過一個調查，問旅遊者在一個陌生的地方，有麥當勞和一家本地餐廳，他們選擇在那一家就餐。80%以上的被調查者回答會去麥當勞，原因是麥當勞作為一個特許加盟的品牌代表，每家分店都具有同一種營養與衛生標準的保證。由此可見，特許加盟企業通過長期發展而形成的品牌有其獨特之處，是其他形式的企業無法達到的。

特許加盟企業的品牌形象得到了消費者的認可,任何一個特許加盟企業之所以取得成功主要原因就在於市場接受了其品牌形象。對消費者來說,同樣的產品,是由知名的特許加盟企業提供還是由一個無名的小企業提供,其價值是不一樣的。知名的特許加盟企業由於有其品牌作為保證,消費者對其產品的品質有充足的信心,因此願意支付更多的費用。在這裏,特許加盟企業通過長期發展而形成的品牌形象不僅是其產品品質的保證,更是企業擴大產品銷售的根本,也是特許加盟企業獲得高額利潤的關鍵。

2.企業文化

企業文化是核心競爭力賴以成長和發展的牢固基石。優秀的企業文化,既是一種生產力,同時也是一種強大的精神動力。它對於構建和提高企業核心競爭力,具有極為重要的影響及推進作用,是企業核心競爭力賴以成長和發展的牢固基石。特許加盟並沒有一般企業那樣嚴格的隸屬關係,相對屬於一種鬆散性的「聯邦」性質的組織聯合體,特許總部給予分部或者受許人的權利較大。因此,特許總部對於分部或者受許人的實行有效管理的難度是比較大的。那麼特許加盟企業何以實施高效的管理,維持其強大的生命力呢?除了實行標準化管理以外,另外就是靠特許加盟企業文化的魅力。

特許加盟企業的文化是建立在企業精神(MI,理念識別)的基礎之上,運用文化管理培養的特許加盟系統內的共同情感、共同價值觀,將企業獨特而富於競爭力的形象視覺化(VI,視覺識別),以完整的特許管理制度為依託,通過企業行為(BI,行為識別)加以具體表現塑造、通過員工的身體力行來傳播品牌及其內涵,實現滿足消費群體在物質和精神各層面需要的競爭力。

特許加盟企業文化的魅力一方面來自受許人對企業遠景、理念、企業價值觀的認同感。它增強了特許加盟企業的向心力和凝聚力。同時，特許總部對受許人企業文化的培養，使受許人參與到企業文化的建設與企業品牌的維護之中。另一方面對消費者而言，每一種品牌都應該意味著一種文化。發展加盟店時，在鎖定了標準化的同時，更應該注重特許加盟企業外在的品牌文化。在這一方面做得比較好的是麥當勞、肯德基等國外特許品牌。如麥當勞經營的不僅僅是漢堡和炸雞等速食，它的產品的背後有一個巨大的企業文化系統在支援。消費者在麥當勞消費的主要目的不僅僅是吃飯，還在於享受那種獨特的文化氣氛。

3. 管理力

特許加盟企業成功、卓越的管理在於把企業的大量管理工作規範化、標準化，使煩瑣變得簡單，使雜亂變得有序。

特許加盟企業實行標準化的門店，統一管理，統一進貨，統一標識，統一培訓，統一促銷，統一價格，統一服務。這有利於保持企業的統一品牌形象，確保消費者對品牌有統一和清晰的認知。

管理的標準化是為了便於進行自身發展過程中快速複製，而這需要一個過程，它是包含企業發展戰略、流程、服務等貫穿企業全程管理的一項複雜的系統工程，並要有優秀的人才技術支援，因此，恰恰構成了企業之間難以複製和效仿的核心競爭力，在提升自身的同時，降低了競爭威脅，可以使企業的競爭優勢獲得極大提高。

4. 行銷力

企業行銷力是指企業在行銷活動中競爭能力和競爭優勢的合力，即企業研究市場、開拓市場，科學制定、運用行銷戰略和策略，

不斷創新產品或服務,滿足和引導消費者需要,提升自身市場競爭地位和贏利水準,提高市場競爭力的綜合能力。

特許加盟企業以其優秀而獨特的企業理念,通過其全面、科學的培訓,使全體員工對企業的產品、價格、管道、促銷和需求、成本、便利、溝通等可控因素的理念有了全面、深刻的理解,從而在行為上積極地宣傳企業的產品,關注產品的成本、利潤空間,切實推行如何降低成本、提高銷量的具體舉措,以「服務」為中心,最大化地吸引消費者以便提高銷售量。同時全體員工關注或參加企業的整個行銷活動的分析、規劃和控制,以市場為中心,以顧客為導向,用最佳組合滿足顧客的各項需求,使顧客滿意度最大化,使公司從中獲得市場競爭力,取得長期利潤及長遠發展。

5.技術力

技術是特許加盟企業開展經營活動的基本手段,每一家特許加盟企業都有其獨特的核心技術和保密措施。所以,特許加盟企業的這一優勢是競爭對手難以模仿的。

特許加盟企業在經營管理中加大投入、不斷創新,一方面保持了其技術在同行業的領先地位;另一方面運用了新的技術解決顧客的困難和問題,從而激發市場新需求。由此可見技術力同樣構成了特許加盟企業的核心競爭力。

與其他類型企業相比較,支撐特許加盟企業快速發展的一個重要因素就是強大的後方物流配送支援系統。

特許加盟企業的經營管理涉及數量眾多的供應商、加盟店及消費者,他們之間的溝通和管理需要用先進的資訊技術來支撐。隨著資訊技術發展,資訊力在特許加盟中的地位與作用越來越重要,現

已成為構建特許加盟企業核心競爭力的重要組成部份。

6.財務力

企業的財務核心競爭能力可以定義為：一種以知識、創新為基本內核，紮根於企業財務能力體系中的某種專有的、優異的、動態發展的公司理財學識。

特許加盟企業，首先，在其經營過程中形成了強大的、符合自己企業特色的財務管理體系，使企業在財務活動中具有獨特的競爭優勢。其次，特許加盟企業在進行特許活動中通過特許總部與各個受許人資源的有效整合，一方面財務實力的增強，擴大其競爭優勢；另一方面發揮了規模效應，同樣增強了財務競爭力。

每一家特許加盟企業都有其企業財務活動及其結果所形成的能夠為人們識別的特徵。這種特徵能帶來社會公眾對公司的信任，擴大企業的知名度和美譽度，改進企業資源利用效率，保證企業的經營安全並給企業帶來經濟利益。

7.人才力

人才戰略是特許加盟企業做強戰略的核心。特許加盟企業在人才的吸納上通過一系列合理的人才引進機制，擁有一大批有理念、會管理，懂技術，能整合、掌握現代行銷、物流知識的複合型人才，以適應特許加盟企業迅速發展的需要。

8.創新力

企業創新力是指企業根據市場和社會的發展變化，在原有基礎上重新整合人才、技術、資本和管理等資源，進行新產品開發和更有效組織生產經營，不斷創造和適應市場，從而實現企業的更大發展。創新力是決定特許加盟企業的核心競爭力的要素，因為，特許

加盟企業的核心競爭力的特徵之一是競爭對手難以模仿,從而突出競爭優勢,而在激烈的市場競爭中要取得競爭優勢,除了自然壟斷,就只剩下了創新之路。

特許加盟企業主要通過技術創新,組織創新和管理創新來提高其競爭力。

12 建立連鎖總部的職能

麥當勞是世界上最成功的特許組織之一,它在全球的特許加盟店有 30000 多家,約佔其總店鋪數的 70%,並且仍在以每年約 2000 家的速度增長。

特許連鎖經營和傳統的單店經營相比具有店鋪眾多、網點分散、業務量大的特點,但其本身的運作規律又要求各個加盟店在經營中做到統一店名店貌、統一進貨、統一配送、統一價格、統一服務等,因此特許經營中總部的管理應具有相應的水準。

要管理一個龐大的連鎖王國絕非是一件容易的事。對此,麥當勞自有絕招,麥當勞連鎖體系為了有效管理分散在全世界各地的所有速食連鎖店,建立了一套有效的中心管制辦法,發展出一套作業程序。總部的訓練部門向每個加盟者傳授這套程序,並保證他們在實際運作中嚴格執行。

一、麥當勞總部的職能

麥當勞總部的組織結構及職能主要分為兩大部門：加盟店開發與培育部及市場行銷和操作部。而這兩大部門又分別設立各個職能部門，具體領導各個加盟店。

麥當勞總部的職能主要包括以下八大方面：

1. 管理職能

除了加盟店的銷售和各種日常工作之外，總部要處理包括成本費用和利潤的計算與核算，以及福利與社會公共事務等。麥當勞總部統一處理加盟店的經營統計，對其經營業績進行比較和分析，並提供改進的意見與建議。

2. 產品開發與服務改進職能

根據各連鎖店當地的市場變化與競爭，麥當勞總部需要及時地改變產品的品種、品質、外觀、促銷方法和服務辦法，開發出適合市場需求的新產品和更優質的服務方法，並以合適的價格和方式提供給各個加盟店。

3. 系統開發職能

遍佈全球的麥當勞餐廳都是麥當勞系統的一部份，由總部對各項職能進行有機整合，發揮其整體優勢。

餐廳並不是麥當勞這一世界品牌的全部，它只是冰山的一角，因為在它的後面有全面的、完善的、強大的支援系統全面配合，已達到質與量的有效保證，而這強大系統的支援當中包括：擁有先進技術和管理的食品加工製造供應商、包裝供應商及分銷商等採購網

路、完善健全的人力資源管理和培訓系統、世界各地的管理層、運銷系統、開發建築、市場推廣、準確快速的財務統計及分析……

4. 促銷職能

所有加盟店的促銷活動和廣告費用都由麥當勞總部統籌安排，不但可以提高麥當勞的整體形象，還能靠規模效應而降低相關費用。

5. 教育和指導職能

麥當勞總部負責對所有加盟店的從業人員及管理人員提供定期的教育和培訓，直到加盟店的營運能有效貫徹麥當勞手冊。

6. 財務與金融職能

麥當勞總部通過融資活動向加盟店提供資金援助。對於財力薄弱或資金有困難的加盟店，麥當勞總部以連帶擔保的方式，與融資機構協商，幫助加盟店獲得貸款。

7. 信息收集職能

麥當勞總部及時向各個加盟店提供世界各地的市場信息和消費動向等資料。同時麥當勞總部還收集麥當勞系統內各加盟店的各種信息，編成有重要參考價值的信息，及時提供給各個加盟店作為參考。

8. 後勤支援職能

麥當勞總部統一採購商品以及生產商品所需要的原材料，為所有加盟店提供所需的各種物資。

在這種高度統一中，麥當勞總部始終保持對分佈於各地的加盟店進行嚴格和有效的管理和控制，使大家都牢牢地拴在一輛戰車上，一齊衝鋒陷陣，維護良好的商業形象。

二、總部與分店的關係

許多公司在開展特許經營業務時，由於方法不當，造成與各特許分店關係緊張，最終鬧到不歡而散的地步，使雙方都產生了不必要的損失。而麥當勞公司總部在處理和各種特許分店的關係上，都取得了非常成功的效果。

1. 加盟費用

麥當勞公司總部在向特許分店收取首期特許經營費用時，這筆錢相對於其他公司而言很低，而且年金和房產租金也很低。較低的特許經營費用，大大減輕了各加盟分店的負擔。

2. 購買原材料讓利

在進行原材料採購時，麥當勞總部始終堅持向各特許分店讓利的原則，即將採購中從供應商那裏得到的折扣優惠無條件地直接轉讓給各特許分店，如 30%的食品折扣。

這種無條件讓利給特許分店的優惠措施，極大地鼓舞了被特許者的工作激情，促進了總部和分店之間的團結，成為加強總部和分店合作的一種重要方式。

3. 購買設備讓利

將設備和產品按供應商提供的實際價格轉讓給各特許分店，即以供應商供貨的實際價格，將設備和新產品原價轉讓給各特許分店，一方面減輕了各特許分店的經濟負擔，另一方面又增強了其經營實力，從而使得總部和各分店之間建立了良好的團結合作關係。

4. 對被特許者的要求

麥當勞對被特許者有一定的資格要求，並不是隨便什麼人都可以加入的。這些資格要求包括以下幾個方面：

⑴具備企業家的創業精神。

⑵富有強烈的成功慾望。

⑶具備處理人際關係的突出技能。

⑷具備較強的處理財務的能力。

⑸願意接受麥當勞公司總部的培訓項目，培訓時必須全力以赴，並做好培訓一年或者更長一些時間的準備。

⑹具備一定的經濟實力，即被特許者要有良好的財務資格，以及維持營運必備的資金。

5. 指導贏利

經營餐飲零售業，會面臨可能虧損的問題。對於麥當勞公司及其分店來說，也同樣存在是否贏利的問題。經營麥當勞餐廳是否能夠贏利，與許多因素有密切關係：

⑴店鋪的位址選擇是否有利。

⑵店鋪的銷售狀況是否良好。

⑶經營成本高低情況。

⑷被特許者經營管理能力和決策、控制能力如何。

如果能夠妥善解決這些問題，使問題朝著有利的方面轉化，那麼贏利是不成問題的。麥當勞在世界各地的迅猛發展已經有力地證明了這一點。

13 特許總部的構建步驟

當樣板店完成構建並試運營之後，下一步就進入到特許加盟項目的推廣階段。所謂的推廣體系構建，就是確定推廣的步驟、策略和流程的過程。

特許加盟體系推廣一般可以分為兩大階段九大步驟，如圖13-1所示。

第一階段，特許加盟體系推廣的準備階段，包括建立推廣活動組織、建立樣板店、設定加盟條件、準備加盟商招募文件。

第二階段，特許加盟體系推廣的准實施階段，包括招募資訊的發佈與諮詢、遴選加盟商、簽訂特許加盟合約、加盟商的培訓以及加盟店的開業。

圖 13-1　特許加盟體系推廣的一般步驟

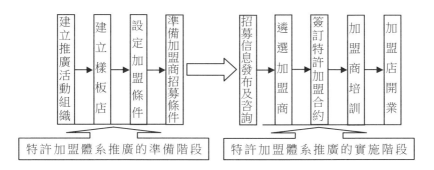

特許總部是特許加盟體系的中樞,是整個特許加盟體系績效優劣的關鍵,特許總部的組織體系、制度建設、人力資本是特許加盟體系構建中的重要內容。而在特許總部構建中,重中之重的是特許權組合的設計,它是特許體系知識產權的有效開發和特許體系擴張的有效保證,涉及商標、商號、專利、商業秘密、經營模式等範疇。

可以說,特許總部是特許加盟體系金字塔的頂端,特許加盟體系鏈能夠延伸多長,特許加盟成功概率多大,很大程度上取決於特許總部的設計能力和控制能力。因為特許加盟理念的推廣和體系的構建是精細、複雜且專業化要求極高的執行過程,而特許人作為特許加盟體系的創建者,在創業初期承擔的風險較大,在整個特許加盟體系的創建、維護和擴張中投入較多,所以,在擴展自己品牌時,應對構建特許加盟體系有著理性、深入的調查分析,這樣才能保持特許加盟體系的優越性,確保特許加盟事業健康發展。

1. 特許總部組織架構基本模式

特許總部組織架構的基本模式主要有以下三種。

(1)初級模式。 在企業發展的初創時期,公司規模較小,特許加盟體系也僅限於小範圍的推廣,管理難度小,組織層次也少,一般適合於採用職能式組織結構這種初級模式,即特許總部在總經理的領導下,直接向各加盟店履行本部門的職能,甚至直接插手具體事務,如圖 13-2 所示。

圖 13-2　特許加盟體系組織架構初級模式

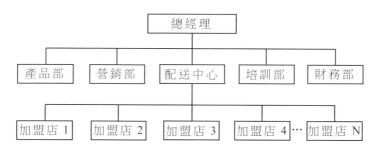

(2) **標準模式**。在企業規模不斷擴大，加盟店數量不斷增多，特許總部的工作量和工作難度增加後，對管理效率的要求會越來越高，從而對各職能部門間的協作和溝通要求也越來越高。因此，原先的職能式組織結構已經不能適用特許加盟事業的發展了，在這樣的情況下，就必須對組織結構進行調整、改造或嫁接，既要保留原來職能式結構的優點，又要吸收其他形式的精華，最後形成一種具有推廣價值的組織結構模式。

這種標準的組織結構模式，把特許總部置於企業管理場的中心，該中心直接接受總裁的指令，整合各個職能部門的資源。它橫向溝通各個職能部門，縱向溝通各個加盟店與直營店總部，可避免因協調出現困難而造成的互相推諉現象，實現特許加盟體系的高效運作，如圖 13-3 所示。

圖 13-3　特許加盟體系組織架構標準模式

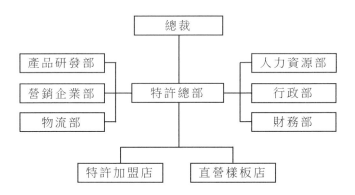

(3)高級模式。當特許體系的加盟店發展到相當數量時，標準的組織結構那種總部一統天下的模式已經不適用了，代之而起的是在標準模式中插入區域結構模式，延接區域管理中心，形成特許加盟體系組織架構的高級模式，如圖 13-4 所示。

圖 13-4　特許加盟體系組織架構高級模式

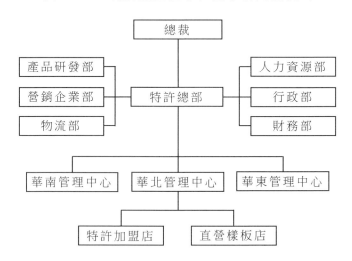

2.部門職責

部門職責主要包括以下十項內容。

(1)**業務發展部**。該部門具有網點開發、選址、論證、談判、簽約、租金確定與投資預算、賣場及倉庫等的配置、工程進度的控制與驗收、設備的採購與維修等職責。

(2)**人力資源部**。該部門具有人員招聘與調配、培訓與分配等職責。

(3)**商品開發與採購部**。該部門具有商品結構制定與調整、商品分類與編碼、商品定價與毛利制定、供應商開發、商品採購談判、店面設計與佈置、促銷計劃制定與執行、採購訂單與配送訂單發出、採購人員的選定等職責。

(4)**配送中心**。該部門具有收貨、配貨、補貨、驗收、配送、庫存管理、損益統計等職責。

(5)**企業管理部**。該部門具有制定各種規章制度、制定加盟店營業手冊、制定各個崗位職責和員工考核與實施細則、組織各類促銷和業績競賽活動、對加盟店進行經營指導、消費者投訴處理等職責。

(6)**財務部**。該部門具有制定資金運用計劃、編制和分析財務報表和年度決算表、審核進出貨憑證、統計每日營業額、盤點各加盟店商品、審報納稅、與供應商對賬支付、發票管理等職責。

(7)**資訊部**。該部門具有管理與維護企業資訊系統,管理商品採購、進貨、接貨、訂貨及配送等商品管理系統,POS系統,會計與人事管理系統,經營資訊管理系統,外部資訊管理等職責。

(8)**行銷部**。該部門具有行銷計劃的擬訂與執行、特許總部及

各區促銷計劃的擬訂與執行、廣告方案設計與廣告媒體選擇、公關
與營業推廣的策劃與執行、企業形象設計與推廣等職責。

⑼**市場部**。該部門具有市場調研與市場細分、推介產品與企
業形象、客戶關係與管理、商圈調查與投資預算等職責。

⑽**企劃部**。該部門具有店面裝潢設計、公司宣傳冊設計、POP
廣告製作、海報及特價牌製作等職責。

3.部門崗位職責制度建設

部門崗位職責制度建設如下。

⑴**總經理職責制度建設**。公司總經理的直接上級是公司董事
長,直轄人員有副總經理、總監、總經理助理、部門經理。其主要
職責是負責公司的經營管理工作,對公司經營中遇到的重大問題進
行決策:制定公司的遠景規劃;在企業文化、組織創新、人才開發、
業務拓展、對外投資等關鍵領域實施戰略管理;組織、審批公司重
大經營管理項目;維護企業良好運作環境,拓展新的業務領域,為
公司發展進行開創性的探索與嘗試。其制度建設應圍繞上述職責進
行,對總經理的權限、責任、上級與下級等內容進行明確規定。

⑵**特許總部總監職責制度建設**。總監的直接上級是公司總經
理,直接下級是各部門經理與主管。主要職責是對直營店及加盟店
的支持、溝通、控制與創新。其制度建設應圍繞年度拓展計劃實施、
市場行銷計劃實施、工作指導與協調、品牌維護與推廣、對加盟店
或直營店的支持等方面進行。

⑶**企業規劃總監職責制度建設**。企業規劃總監的直接上級是
總經理,直接下級是企業規劃部全體員工。其制度建設應圍繞以下
幾個方面進行。

①根據市場發展並結合本公司發展規劃，制定品牌經營策略。

②負責公司品牌文化的策劃與推廣。

③對平面設計及各類廣告的創意和製作，對直營店或加盟店店面裝修及展台設計等。

(4)**行銷總監職責制度建設**。行銷總監的直接上級是公司總經理，直接下級是行銷部全體員工。其制度建設應從行銷調研、行銷計劃、行銷實施、行銷控制等幾個方面進行，為公司整體行銷工作提供決策參考。

(5)**技術總監職責制度建設**。技術總監的直接上級是公司總經理，直接下級是產品開發部全體員工。其主要職責是結合公司的品牌經營策略制定開發計劃；定期組織開發新產品及生產監控；利用本部門力量並組織協同生產、行銷部門，收集、分析、整合客戶回饋資訊，以改進和開發新產品，為董事會制定公司中長期發展規劃提供決策依據。

(6)**人力資源總監職責制度建設**。人力資源總監的直接上級是公司總經理，直接下級是人力資源部主管、行政部主管。其主要職責是負責公司企業文化建設、人力資源管理和行政管理工作。其制度建設應從編寫、執行公司人力資源規劃，組織各項活動，制定、監督和執行公司行政規章制度，招聘與培訓、績效考核、激勵與薪酬、勞動合約與人事關係等方面進行。

(7)**財務總監職責制度建設**。財務總監的直接上級是公司總經理，直接下級是特許總部及各個區域分公司全體財會人員。其制度建設主要從以下幾個方面進行。

①根據公司管理要求與運營特點，設計會計框架和運作模式。

②進行成本費用控制、核算、分析和考核，建立健全的財會制
　度並根據財會資料對經濟活動進行分析。

③支持財會人員依法依制形勢職權，協助高層管理者對經營、
　發展和投資等進行財務分析和決策。

④編制財務收支計劃、信貸計劃、會計報表，與稅務、銀行等
　部門密切聯繫。

⑤對公司經濟過程進行參與、監控和督導。

此外，還要建立健全行政主管、行政助理、會計與出納人員、
行銷區域主管、市場主管、服務中心主管、產品開發部經理、物流
部主管、配送中心主管、前台文員等職責制度。

心得欄 _

_ _

_ _

_ _

_ _

_ _

14 特許連鎖的企業識別系統設計

企業識別系統應具有很強的視覺識別性、商業性和藝術性。

企業識別系統(Corporate Identity System，CIS)設計或企業形象設計，即一個企業或社團為了達到某種目的並有別於其他企業或社團而設計的包括理念、行為和外觀性在內的一整套體系。企業識別系統的內容具體包括：理念識別(Mind Identity，MI)、行為識別(Behavior Identity，BI)、視覺識別(Vision Identity，VI)、聲音識別(Audio Identity，AI)、室內識別(Store Identity，SI)和工作流程識別(Business Process Identity，BPI)等六大部份。

1. 企業識別系統

(1)**理念識別(MI)。** 理念識別指經營過程中經營理念和經營戰略的統一，具體包括企業經營策略、管理體制、分配原則、人事制度、人才觀念、發展目標、企業人際關係準則、員工道德規範、企業對外行為準則及相關政策等基本要素，集中通過企業信念、經營口號、企業標語、守則和座右銘等來表現。理念識別是企業群體價值觀的核心要素，是企業識別系統的靈魂。

(2)**行為識別(BI)。** 行為識別指在企業理念的統帥下，企業組織與員工在實際經營過程中所有的執行行為的規範化、協調化，統一化。行為識別的具體內容包括：規範化經營理念的執行、各級職能

部門規範化接受和完成對管理制度的實施、收集和整理來自社會對企業的資訊回饋、促使企業良性發展以及有益企業的各類公益(公關)活動等企業行為和企業制度。行為識別是企業形象策劃的動態識別系統，是理念識別的載體。

(3)**視覺識別**(VI)。視覺識別指視覺資訊傳遞的各種形式的統一，是企業區別於其他企業的、獨特的名稱、標誌、標準字、標準色等視覺要素。視覺識別的具體內容包括：企業名稱、品牌標誌、品牌標準字和標準色、企業專用印刷字體、象徵性造型與圖案、宣傳標語等基本要素，還包括企業產品、設備、招牌、標識、制服、包裝、廣告、建築、環境、傳播展示與陳列規劃等應用媒體。視覺識別是整個企業形象識別系統中最形象、最直觀、最具衝擊力的部份，必須借助物質載體才能傳遞出來。

(4)**聲音識別**(AI)。聲音識別指企業的歌曲、口號、規定用語、標誌性聲音、背景音樂等，尤其店內員工使用的標準化用語，對門店形象起著關鍵的作用，聲音識別與店面特色合理搭配即可相得益彰。

(5)**室內識別**(SI)。室內識別指店鋪的設計與識別。室內識別涉及空間設計和管理兩方面內容：空間設計包括招牌系統、平面系統、天花板系統、牆面系統、地面系統、配電與照明系統、展示系統、POP系統等；管理部份包括工程預算、材料說明、施工流程、協作管理、估價與驗收等項目。室內識別是視覺識別(VI)的延伸和最具活力的部份。

(6)**工作流程識別**(BPI)。工作流程識別指企業或店鋪所有必要工作的步驟。特許總部統一開發的工作流程，可以實現標準化、簡

單化和細節化的操作,是企業快速複製的關鍵和成功的保證。

在上述六大企業識別系統中,最核心的部份就是前三大子系統的設計與構建,其中理念識別是其最高決策層,是企業識別系統戰略的策略面,相當於企業的心;行為識別是其動態識別形式,是企業識別系統的執行面,相當於企業的手;視覺識別則是其靜態識別符號,是企業識別系統的展開面,相當於企業的臉。

2.單店企業識別系統(CIS)設計

單店的企業識別系統設計一般是總部企業識別系統設計的延伸,特別是理念識別(MI)、視覺識別(VI)、聲音識別(AI)、室內識別(SI)都具有很好的延伸性,因此,應在總部企業識別系統設計的基礎上,參照並相應設計出單店的企業識別系統,以保證總部與單店的和諧性和一致性。在企業識別系統主體中視覺識別系統和工作流程識別系統是單店的設計重點。

①單店視覺識別系統(Unit Visual Identity System,VIS)設計。單店視覺識別系統是單店外在的直觀的系統,是單店視覺資訊傳遞的各種形式的統一,更是特許人知識產權的重要組成元素之一。單店視覺識別系統的內容,應包括基本標誌元素的設計(中英文基本字體、圖形標誌、基本色彩、基本組合及使用規範、吉祥物)和應用體系設計(店面形象設計、POP 廣告宣傳材料設計、戶外海報燈箱設計、媒體廣告設計、車體廣告設計、員工服裝設計、包裝袋設計、辦公用品及名片設計、相關促銷贈品設計)等內容,要求設計清晰明確,極具感染力和傳播力,反映單店客戶定位和特許人的經營理念。

②單店工作流程識別(Business Process Identity,BPI)

設計。單店工作流程識別的設計包括開店工作流程識別設計和日常營運企業識別設計兩部份,其中開店工作流程識別設計按時間先後可分為七大步驟:確定單店的選址原則,進行目標市場調研,位址初選;對初選位址進行商圈分析並確定店址;店面裝修;人員招聘與培訓;證照辦理;開業籌備和正式營業。一般正式營業後一兩個月屬於單店的試運營期,是各種事務、技術、流程及環境等的磨合階段,應密切注意,發現問題及時解決。而日常營運工作流程識別則是設計和描述下列內容:單店組織結構形式及各崗位職責規範,人力資源招聘、任用、管理與培訓,顧客服務流程、抱怨處理、售賣技巧、顧客資訊系統管理,促銷計劃、方法、內容,競爭店調查計劃、方法、結果處理,盤點前準備、工作分配、盤點資料庫及結果處理,營業時間安排,常規作業前管理(報到、早會、收銀準備、開工儀式等),常規作業中管理(迎賓、銷售、顧客服務、收銀作業等),常規作業後管理(店面安全防範、緊急事件處理)等。

ⅤⅠ 設計時要注意以下原則:

・目標性原則

ⅤⅠ 設計,必須在對企業實際情況作深入瞭解後,在不同的階段追求不同的外部形象,通過這些外部目標形象,將企業自身的整體實力、所處位置傳遞給社會公眾。

・普遍性原則

指要符合當地的風俗習慣,為當地群眾所接受,不犯禁忌,同時具有清晰的可續性與辨識性,設計時具有目標性、時尚化,為成為一個國際名牌奠定基礎。

・3E 原則

3E 即指 VI 設計要符合工程學(Engineering)、經濟學(Economics)、美學(Ethics)的開發與製作要求。Engineering 是指在工程學上要具備開發、創造企業個性系統的能力。Economics 指在經濟學上要能創造出獨特的銷售價值。Ethics 是指在美學上要提升企業品牌的形象。

・合法原則

VI 設計的符號系統不能違反國家和有關行業的法律條文。

15 擁有可複製的樣板店

樣板店一般都是由特許人投資建設的自營店(當然有時候也可能是特許人有選擇地扶持個別合作良好的加盟店),可以肯定的是,並不是所有直營店都是樣板店。樣板店必須嚴格地執行 3S(標準化、簡單化、專業化)管理和 CI 設計的要求,必須具備良好的市場形象和經營績效,有條件擔負起體系內新員工現場培訓任務,是穩定經營在一年以上的模範店鋪。

事實上,不少特許人都是從經營店鋪起步的,在取得了一定的成功之後才走上特許經營這條道路的。因此,特許人會選擇對現有的直營店進行改造,將其建設成為企業的樣板店。如果你認為你的項目是可行的,對加盟商是有利的,並且這個項目適合通過特許經

營的方式來推廣,那麼你一定得從樣板店做起,通過樣板店讓加盟商看到你的優勢,理解你的經營理念,從而信任你,並樂於成為你的加盟商。

1. 試點經營

想要建立一種特許經營體系,最好的辦法是通過樣板店的形式進行試點經營,以確定真正的市場需求狀況。通過試點經營還能夠更加直觀地發現項目的優劣勢,也最能幫助企業進行改進與創造。

試點在體系中的代表性決定了企業可以建立多少個試點。只有在不同的地點做過試驗,且試點經營的時間超過一年以後,特許人才能將確定的經驗提供給受許人,才能把經營過程中出現的各個方面的因素都考慮進去,才能在實踐中檢驗特許制度。總之,只有在多家試點經營之後,你才能獲得更有力的實踐經驗,也才更能通過成功的樣板店說服受許人。

試想一下,如果特許人沒有檢驗過自己的項目能否成功,也沒有投入資金在風險中考驗自己的制度,那麼,誰會相信他的特許權是可靠的?特許人對受許人承擔著重大的責任。

2. 樣板店的效應

成功的樣板店對特許制度有以下方面的好處:

(1)便於接受潛在受許人的考察

很多潛在受許人並沒有直接在總部參觀和考察,但是會通過他們所在城市的樣板店對特許制度進行考察,這樣既能消除距離帶來的不便,又能替潛在受許人省下一大筆差旅費。

(2)良好的廣告效應

成功的樣板店的直觀、直接的廣告效應是任何媒體廣告所無法

比擬的。別具一格的門面，優雅精緻的店堂，訓練有素的員工，琳琅滿目的優質商品，體貼入微的服務，來往穿梭的顧客，紅紅火火的生意，無時無刻不在吸引著投資者的關注。這種「眼見為實」的親身體驗消除了潛在受許人心中的種種顧慮，並促使他們下定決心進行投資。

(3)便於特許人獲得當地經營資源

通過在各地樹立良好的樣板店，一個有效可行的特許經營網路可以算是基本打造成功了，這將極大地幫助特許人在目標區域內樹立自己的品牌，提高企業及產品的知名度和美譽度，並進一步形成穩定的消費群體；同時可以幫助特許企業網羅優秀的人才，獲得廣泛的經營資訊，建立良好高效的物流配送體系，並最終獲得強有力的競爭優勢。

樣板店的佈局取決於特許人所持的經營戰略和企業所處的發展階段。假如特許人只想在某一個區域或城市發展自己的特許事業，那麼樣板店則應該建設在這一區域的關鍵城市或某一個中心城市。假如特許人的戰略目標是全國市場甚至是全球市場，那麼特許企業的樣板店佈局則應該以總部所在地為主，同時在各大中心城市適當布點。需要注意的是，特許經營企業是以推廣特許體系為經營目標的，開設直營店只是一種手段，所以直營店不宜過多過濫，那樣只會分散總部的管理資源，影響企業總體目標的實現，甚至會使企業參與到加盟店的市場競爭，形成特許人與受許人爭利的局面，從而影響特許人的企業形象，給特許體系推廣帶來困難。

3.樣板店的建立與運營

樣板店的建設與管理是特許加盟計劃實施過程中的重要步

驟，也是特許加盟體系推廣的前提。樣板店由特許總部建立與管理、區域主加盟商建立與管理、單店加盟商建立並由特許總部指定為樣板店等三種形式。但通常情況下是由特許人投資建設的直營店多些。在特許加盟體系中，樣板店必須是嚴格執行了標準化、簡單化和專業化以及企業識別系統設計要求的，有良好市場形象和經營績效的穩定經營一年以上的，能夠承擔體系內員工現場培訓任務的模範店鋪。

如果特許人沒有通過實踐檢驗構建的體系是否能夠成功，也沒有冒險投資的經歷，當然也就無權出售他的特許權了。所以，在特許加盟體系正式運作之前，最好的方法是通過樣板店的形式進行試點運營。

樣板店的選址與一般加盟店的選址相比，從目的、標準和要求等方面有很大的不同。一般加盟店的經營目標主要是贏利，而樣板店首先是實驗、示範、積累經驗和作為培訓基地，其次才是贏利能力和推廣價值。一般加盟店比較關注店鋪的房價和租金，而樣板店則更注重店址的商圈位置、營業面積，考慮最多的是能否樹立企業良好的形象，能否滿足作為培訓基地的要求等。

樣板店是因為「樣板」而產生影響的，它要承擔一般單店所沒有承擔的工作，例如接待來訪者、參觀者，作為培訓基地，實驗銷售新的技術和產品等。一方面因為「樣板」效應可能吸引更多的顧客，具有更高的知名度，但是也可能因為顧客眾多而擁擠進而影響生意和服務品質。所以，企業必須牢記樣板店的使命，它是特許加盟體系得以快速推廣的基礎，它的運營建設和完善任務決定特許加盟體系推廣的成敗。

只有當每個加盟商複製的經營條件與樣板店試驗成效的條件一樣時，一項特許加盟方案才能確保成功。所以，樣板店的一個基本作用是驗證將要傳授給整個特許經營體系的經營模式是否可行，對需要改進的地方加以修改。可見，在不同情況下試驗的樣板店數量越多，時間越長，加盟商承擔失敗的風險就越小。

16 特許總部運營的管理損益分析

特許加盟體系的獨到之處就是，特許人想幫助受許人在支付完足夠使特許人提供必要服務及使特許人贏利的特許經營費用之後，受許人能夠獲得一個合理的贏利性投資回報。特許人的利潤是一個敏感的問題，但有一點很清楚，即如果特許人賺取了一定的利潤，它就可以對整個特許加盟體系的贏利點進行再投資並有助於保護受許人的投資。

1. 加盟金的計算

在特許加盟體系中所指的「加盟金」，是受許人（加盟商）與特許總部在簽署特許加盟合約時，一次性付給特許總部的費用。一個特許加盟企業要收取多少加盟金並不是隨意而定的，因為加盟金是特許加盟企業核心價值的反映。

一般來講，特許總部在設計加盟金時要考慮以下要素。

(1)所授權商業經營模式的價值及特許人所擁有的品牌的價

值。特許人的品牌價值是在特許人經營過程中逐漸形成的，在特許
體系中是自然的轉移。它的價值往往是依據直覺確定，而不是精確
計算出來的，因此它的價值同樣也取決於受許人願意支付的價格。
如麥當勞和肯德基的價值究竟誰高些，兩者均取決於受許人願意支
付的價格。

　　理論上也可依據投資學對品牌價值的估算方法和量化方法進
行計算，即品牌及商譽的價值＝該特許加盟企業商業市場價值的 4%
～12%市場價值＝該特許加盟企業每年所能創造利潤的 1.5 倍。

　　例如，某特許加盟餐廳企業，其每年能獲得利潤 50 萬元，則
該餐廳的市場價值在理論上就是 75 萬元。該餐廳的品牌價值＝75
×（4%～12%）＝3～9（萬元）。因此，一個特許加盟企業只要有自己
的直營店二三年的營業利潤資料，就可以依據這個公式來計算加盟
金。隨著企業的商譽知名度的提高，商譽價值就會得到提高，加盟
金自然也就跟著提高。

　　有些新的特許加盟企業只收取很少的加盟金甚至不收加盟
金，這並不代表這些企業沒有品牌價值和市場價值，只是他們另一
個目的更加明確，即快速擴張市場。

　　(2)授權城市或授權區域的價值。與前一要素相比，特許人授權
的城市或授權區域的價值更難以計算。一般來講，特許總部按照該
授權城市或授權區域的人口統計資料和市場統計資料來測算。

　　例如，某特許加盟餐飲店的加盟金費用規定如表 16-1 所示。

表 16-1　某特許加盟餐飲店體系的加盟費用規定

店面面積	加盟費	保證金	合約期
800m²以上	15萬元	3萬元	3年
500m²	10萬元	2萬元	3年
300m²	8萬元	2萬元	3年
200m²	5萬元	1萬元	3年

(3)招募一個受許人的成本。特許總部要大致測算出每個受許人的平均招募成本，例如廣告宣傳費、參加特許加盟展覽會費用、培訓受許人費用、各項運營手冊及培訓教材的編寫費和印刷費以及特許總部和單店企業識別系統設計費用等。這些因招募受許人而支出的費用可以由各個受許人分攤。一般情況下，特許總部招募的受許人越多，加盟金越多。例如，一家特許加盟服裝企業在 2007 年計劃授權 50 個受許人。年度廣告預算 50 萬元，則平均每個受許人所需分攤的費用是 1 萬元；50 個受許人的培訓費用預算為 150 萬元，則平均每個受許人所需分攤的費用是 3 萬元；其他手冊製作及印刷費用、通信費用、交通費用及行政管理費用總共 75 萬元，則平均每個受許人要分攤 1.5 萬元。可以計算出該特許加盟企業每個受許人應承擔的招募成本為 5.5 萬元(1 萬元+3 萬元+1.5 萬元)。

例如，某特許加盟企業擁有店數與特許經營費用的關係如表 16-2 所示。

表 16-2　某特許加盟企業擁有店數與特許經營費用的關係

店數/家	1～30	21～100	100以上
加盟金/元	30000	50000	60000
權益金比例	2.5%	3.5%	5%
廣告宣傳費比例(不變)	1%	1%	1%

2. 權益金的計算

「權益金」是特許加盟體系中的中的專業術語，它是指受許人
(加盟商)持續支付給特許人(特許總部)的品牌使用費、特許權使用
費，又稱使用費、管理費。它體現的是特許人向受許人提供的持續
支援和指導的價值。權益金是特許人除加盟金外收益的主要來源。
特許總部收取多少權益金合適，要依據特許總部為各個受許人提供
服務的品質和範圍而定。在收取權益金時，特許總部和各個受許人
均應清楚權益金的用途，其中包括：受許人開店後的持續性培訓，
特許總部督導人員的定期指導，當地市場業務的拓展指導，商品促
銷及宣傳指導，以及日常經營管理費用，等等。

特許總部在制定收取加盟金和權益金的方案時，應該比較同行
業競爭者的收費標準、加盟店數、經營年數、投資者的市場認同度
及受許人的獲利回報情況等，在進行綜合分析後再制定方案。

權益金的收取方式較常見的有以下三種。

(1)比率制。按照加盟單店每個月營業額收入的一定比例來收
取。美國特許加盟企業大部份都採用這種方法，假設麥當勞收取的
權益金為受許人營業額收入的 3.5%，肯德基收取的權益金為受許
人營業額收入的 4%。這是一種比較公平的分享利潤的方式。比較常

見的比率為月營業額的 3%～6%或利潤的 18%～20%。

但這種方法也有缺陷，運用這種方法收取權益金，需要一個控制性較強並能隨時掌握加盟商營業額的財務收銀控制系統軟體。許多受許人為了尋求自己的利益最大化，往往採取許多隱蔽的方法隱瞞自己的實際營業額，或者製作虛假月營業額報表，從而使特許總部權益金遭受損失。

(2)**定額制**。受許人每月向特許總部繳納合約中約定的固定額度的權益金，也稱最低權益金。例如小天鵝火鍋在進行特許加盟體系推廣時便是採用這種辦法，根據加盟店的規模不同，其額定權益金的範圍為 3000～10000 元。

定額制權益金收取方法較能讓受許人接受，因為它明確了受許人要支付的款項。但若是採取此種辦法，要求總部在當地一定要有直營店作為「對等店」來做參照。如果是某行業經營特點較具季節性，即在每個季節的營業收入會不同，定額權益金則會在市場淡季增加加盟店的負擔。加盟單店剛剛開業的階段也沒有能力承受太高的權益金支付。這些客觀情況都要求特許總部在制定權益金時考慮在內。

(3)**日收制**。特許總部派專人駐加盟單店內，負責每日權益金的收取，並擔當督導員的角色。這種收取方法效果最好，可最大限度地避免由於單店銷售額不清楚或虛報銷售額而造成特許總部權益金的損失。同時，督導人員可隨時作現場指導並進行經營指導。但這種方法也有缺陷，使用這種方法收取權益金要求特許總部所派專業督導員具備一定的專業知識及專業技能，這無疑會增加特許總部人力資源管理部門的工作壓力。

3.保證金的計算

與加盟金不同的是，保證金原則上是可以退還的。在合約執行期間內，若受許人沒有違反合約條款的規定，在合約期滿後，特許總部要無息全額返還其保證金。

特許總部收取保證金主要有以下兩個作用。

一是作為採購抵押款。在一些特許加盟系統中，特許總部在合約中要求受許人必須訂購指定的產品或原材料等物品。在執行過程中，受許人若不履約，特許總部便可將此保證金扣除充當貨品金。

二是作為違約金。若受許人在合約期內的經營過程中有違反合約約定某項條款的行為，特許總部可以按合約規定扣除其保證金。

4.特許加盟期限的計算

特許加盟的期限指的是受許人加入一個特許加盟體系「一個加盟期」的長度，即特許加盟雙方締結一次特許加盟合約所規定的合約持續時間，一般以「年」為單位。不同特許加盟體系的加盟期是有很大差異的，不同行業之間的加盟期長短也各有不同，即使屬於同一個行業的特許人，他們之間的加盟期也可能差別很大。

從表 16-3 中可以看出，國際知名餐飲業的加盟期普遍較長（大多在 7～20 年），而國內的餐飲業的加盟期則普遍較短（平均為 4 年左右）。在別的行業裏同樣也可以看到類似的現象，即不同特許人之間的加盟期是有很大差別的。

表 16-3　國內外餐飲特許企業的加盟期比較

國外餐飲特許加盟企業的加盟期		國內餐飲特許加盟企業的加盟期	
盟主名稱	加盟期/年	盟主名稱	加盟期/年
賽百味	20	重慶小天鵝投資控股（集團）有限公司	3～5
麥當勞	20	成都譚魚頭投資股份有限公司	3～5
肯德基	10	成都老房子餐飲管理有限公司	5～10
漢堡王	20	重慶蘇大姐餐飲文化有限責任公司	3
Sonic免下車餐館	20	成都布衣餐飲發展有限公司	3
達美樂比薩	10	重慶德應實業（集團）有限公司	3
Quizno´s三明治	15	馬蘭拉麵速食連鎖有限責任公司	5
墨西哥口味餐廳TacoBell	20	內蒙古小肥羊餐飲連鎖有限公司	3～5
德克士	7	瀋陽市小土豆餐飲有限公司	3
北京好倫哥餐飲有限公司	8	瀋陽小背簍餐飲娛樂有限公司	5
馬來西亞瑪利朗國際速食公司	8	瀋陽老邊餃子有限公司	1～5

一般來講，一個合理的特許加盟期限應該有兩段時間組成，即

加盟期＝投資回收期＋贏利期

一個加盟期至少要等於該受許人(加盟單店)的投資回收期。因為受許人如果要加盟該特許體系，特許人至少應保證受許人能收回投資。這個投資回收期就是一個加盟期限的「底線」，即投資回收期是一個加盟期限的最小值。從這個公式出發可以證明一些政府特許加盟項目的加盟期限為什麼都比較長，多達數十年甚至上百年，其主要原因就是由於政府特許加盟項目的投資大、投資回收期長的原因。

受許人投資加盟的目的絕不僅僅是為了能收回投資，受許人還希望在收回投資之後能有一段贏利的時間，即要求有一個合理的贏利期。因此，對於投資回收期差不多的加盟項目而言，其加盟期限的區別所在就是這個特許人給予受許人的「贏利期」。至於贏利期的長短，它並不完全取決於特許人的主觀意願，而是要受一些外在客觀因素的制約，如加盟金、加盟店贏利率、行業更新性、體系成熟度和競爭狀況等。

17 受許人加盟申請案例

【案例1】「福奈特」的特許加盟流程

「福奈特」的特許加盟流程如下。

(1)申請加盟商的篩選與考察。申請加盟商提供個人資料：姓名、性別、年齡、學歷、籍貫、公司性質、工作經歷、財政狀況等。

(2)磋商並形成初步意向。

(3)面談及詳細情況介紹。講解「福奈特」系統至營運作模式、在全國的店址分佈、收益情況等。

(4)簽訂意向書。特許總部提供《市場調查表》並指導客戶調研。

(5)選擇並確認店面位置。具體包括省、市、區、街、門牌號等；郵編、電話、平面圖、照片；租金等。

(6)確定加盟意向並繳納加盟費、保證金。根據客戶提供的當地水、電價格，人員平均薪資，房屋租金，洗衣價格和季節分佈特點等，特許總部提交《店址評估報告》和《項目可行性分析報告》，並經客戶確認。

(7)設計人員提供裝修圖紙和方案。加盟商應在設計之前向特許總部提供《店面設計所需資料》中所涉及的內容。

(8)簽訂購貨合約。

(9)房屋裝修、人員培訓、簽訂輔助購貨合約。

⑩店面裝修驗收，設備安裝調試及驗收。由特許總部相關部門到現場根據裝修規範進行驗收，加盟商對設備驗收。

⑪指導開店、跟蹤服務、簽訂特許經營合約及商標使用合約。加盟店正常營運期間，特許總部提供持續的輔導和支援。

【案例2】某餐飲特許企業的加盟流程

某餐飲特許企業受許人由申請到開店的流程，如圖 17-1 所示。

在特許加盟體系中，受許人一般都不具備特殊的技能或商業經驗，但特許加盟經營涉及許多高度專業和範圍廣泛的知識與技能，所以特許總部對受許人的培訓非常重要。通過對加盟商的培訓，不但可以讓加盟商瞭解特許加盟體系的業務開展流程、運作方法等專業知識，更重要的是可以讓加盟商理解特許總部的企業文化、經營理念和管理理念。

關於加盟商的培訓，具體而言，有如下幾個方面：

1. 受許人培訓方法
利用資料說明，即向受許人提供公司有關資料，並加以介紹。

2. 受許人培訓內容
培訓內容應視加盟前、加盟中和加盟後階段的不同而不同，具體如下。

圖 17-1　某餐飲特許企業加盟商由申請到開店的流程圖

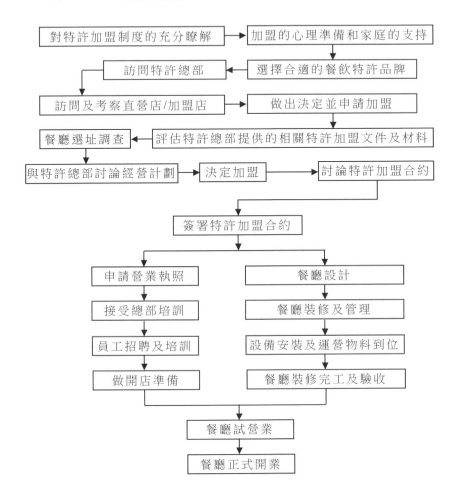

(1)加盟前培訓內容

①什麼是特許加盟？如何選擇盟主？如何簽約？

②加盟商素質及自我評估。

③企業的歷史、成就與經營目標。

④企業的理念與文化。

⑤企業特許加盟業務分析。

⑥企業特許加盟財務分析。

⑦《特許加盟合約》(標準版)分析。

⑧如何籌備加盟事業？

⑨如何回避特許加盟陷阱？

⑩案例分析與討論。

(2)加盟中培訓內容

①受許人的理念與文化。

②《特許加盟合約》(加盟版)分析。

③特許經營加盟商手冊分析。

④如何開始運作加盟事業？

⑤如何與特許人相處？

(3)加盟後培訓內容

①如何運作加盟事業？

②如何評估加盟經營事業？

③如何發展加盟事業？

④特許加盟所帶來的創新與變革。

⑤加盟事業的延續、升級與退出。

⑥特許加盟相關法律。

⑦專業顧問的作用。

⑧特許人新技術、新運營方法、新制度等變革。

18 案例:「佳美」超市開業策劃

1. 策劃目標

消費者對即將登陸本市的佳美超市不甚瞭解。因此,佳美超市進駐該市一定要產生轟動效應,讓它樹立該市商界領跑者的形象,在消費者心中樹立品牌意識,產生品牌效應。要向該市市民傳達一個全新的消費觀念:佳美超市是本市購物、休閒、娛樂的最佳去處,同時通過新聞報導,讓「佳美」兩字深入人心,為超市樹立美譽做好鋪墊。

2. 宣傳策略

(1)在開業前期 20 天,全面啟動電視、報紙、電台三大主要傳播媒體,將佳美超市即將盛裝開業的資訊告訴市民。考慮到媒體效果,將最先啟動電台宣傳,這一媒體對學生和喜歡聽廣播的消費者(如老年人)十分有效,且影響面較廣。

(2)在開業前一個星期,全面啟動報紙和電視台廣告,形成一個全方位宣傳報導的姿態。

(3)印刷一定數量的宣傳單,把佳美超市的經營品種、開業時間以及開業期間的促銷活動告訴消費者,與消費者進行面對面的宣傳。

(4)在城區主要幹道上懸掛橫幅。如果情況允許,在主要十字路口懸掛氫氣球,內容主要是與企業形象宣傳和開業促銷有關的資

訊。

(5)開業當天邀請一隻樂隊演奏，為開業助興，吸引客源。演出曲目要求積極向上，具有較強的感染力。

(6)租賃一部汽車，並進行裝飾，以新的、炫目的形象在市區主要街道來回穿行三天，同時在車上進行廣播宣傳，將開業資訊和佳美超市的概況傳達給消費者。

3. 廣告文案重點

(1)廣告訴求要點：佳美超市是一家集購物、娛樂、休閒的大型超市，價格貼近消費者，服務好，商品品質值得信賴，是本市首家推出「生鮮食品」的超市。

(2)廣告訴求主要對象：30～55 歲的家庭主婦，18～30 歲的青年人和 60 歲以上的老年人。

(3)廣告訴求的次要對象：6 歲以上的小孩，15～18 歲的青少年。

(4)廣告文案說明：佳美超市進入本市，首先要讓市民瞭解其商品價格貼近消費者，商品貼近生活，服務品質好，首家推出生鮮食品，因此價格、品質、生鮮食品是廣告的訴求重點。

4. 報紙新聞系列報導的線索

(1)走進超市。要介紹超市為何物，其中要告訴市民佳美超市將登陸本市，同時也要插入佳美超市的成功做法，如價格低、服務好、品質高、經營生鮮食品等。面對如此激烈的競爭，如何打造自己的行銷空間，擴大市場佔有率？大超市挺進大中城市，小超市路在何方？走進縣城是必要的選擇。零售業的競爭為什麼會如此激烈？道理很簡單：零售業進入市場阻力小，市場門檻低，相對容易在管理

中出效益。隨著人們消費水準的日益提高、消費觀念的日益更新，現代零售業的典型——超市的出現是必然的。

但隨著競爭的加劇，贏利空間在日益減少，超市的微利時代已經到來。在此情況下，管理跟不上來的小超市已經不能適應市場，只有走加強管理和規模經營之路，小超市不具備品牌形象、人力資源和管理優勢。因此，報導以《超市新氣象》為參考標題，從佳美超市的規模、理念、經營戰略等方面進行報導。

(2)佳美超市引領本市超市新潮流。佳美超市的進入將對本市超市行業產生革命性的影響，掀起一股新的超市旋風。具體表現為：

首次提出「顧客永遠是對的」、「保證顧客滿意」的經營理念，並通過科學的管理制度和方法保證這一理念落到實處，使超市競爭擺脫單純的價格競爭和商品競爭，上升到服務競爭和品牌競爭，提升競爭品味。

首次在該市的超市中推出生鮮食品，結合當地政府提出的「菜籃子」工程，把嘈雜、髒亂的生鮮市場變成整潔、衛生、方便的生鮮區搬進超市，將改變廣大市民的消費習慣。首家推出特價快訊商場廣告(Direct Mail，DM)，開創了「天天平價，天天省錢」的低價時代。DM是洋超市慣用的促銷手段，佳美超市吸取國外超市的先進經驗，為該市的超市行銷帶來新的潮流。

5.開業廣告投放計劃

為打造佳美超市形象，應注重全方位的廣告宣傳，包括電視、報紙、電台、戶外廣告等。

(1)具體投放計劃

① 4月12日～26日：增加新聞報導，深度宣傳企業形象，

分三篇報導推出，總投入 5000 元左右。

② 4 月 13 日～28 日：廣播電台廣告啟動，在市廣播電台播放，投入在 2000 元左右。

③ 4 月 22 日～27 日：電視廣告啟動，時長 20 秒，分 5 個時段插播，連續滾動播放一個星期，投入 1.4 萬元左右。

④ 4 月 27 日：報紙廣告啟動，投放在《H 市晚報》，版面為 1/4 版，投入在 1 萬元左右；《H 市報》，版面為 1/2 版，投入在 3000 元左右。

⑤ 4 月 28 日：開業，各媒體同時推出關於開業的新聞。

(2)戶外廣告

① 3 月 13 日起：在超市正面掛出「4 月 28 日佳美超市隆重開業」的巨幅廣告。

② 4 月 27 日～31 日：在超市所在街道上佈置 20 個氫氣球，營造喜慶熱烈的氣氛。

③ 4 月 27 日晚：50 條供應商的祝賀條幅在超市正面的樓層上淩空垂下，顯示公司與供應商融洽、團結的關係。

19 特許加盟合約

　　特許加盟合約是特許人和受許人之間簽訂的用於規定雙方權利義務、確定雙方特許加盟關係的法律契約。它包括特許加盟合約主體合約(即狹義的特許加盟合約，也是人們通常理解意義上的特許加盟合約)和特許加盟合約輔助合約。

　　特許加盟合約主體合約規定特許加盟雙方的主要權利、義務，特許加盟權的內容、特許期限、特許地域、特許費用、違約責任、合約解除等所有重要內容。特許加盟合約輔助合約一般包括商標使用許可協定、軟體許可與服務協定、市場推廣與廣告基金管理辦法、保證金協議等。

1. 特許加盟合約的設計原則

　　特許加盟合約是一種維護自身權益的基本方式，無論是特許總部還是加盟商都需要以此維繫特許加盟關係。擬訂特許加盟合約需要遵循一定的原則，以確保各種產權受到法律的保護，使特許事業能夠健康發展。

　　對特許人來說，特許權的核心是知識產權，通過特許加盟合約對之進行保護，關係重大。因為，如果沒有對受許人行為的約束，特許人的商標和標誌可能被假冒和濫用，特許人的單店經營模式可能無法發揮其效力，單店的運營管理系統可能無法執行，因而特許人統一的品牌形象也無法建立。可能由於某個加盟店的不規範行為

而損壞了特許人品牌，進而使整個特許加盟體系受損。

對受許人來說，加盟一個特許加盟體系既是一種個人投資行為，也是一種職業生涯的選擇。因此，受許人在投入金錢的同時，也將個人的職業生涯與整個特許加盟體系建立起一損俱損、一榮俱榮的聯繫。因此，受許人加盟一個特許加盟體系後，能否得到特許人持續的支援和服務，能否與特許人保持健康持久的關係，不僅關係到受許人投資的回報和機會成本，也關係到受許人個人的職業生涯的成敗。

因此，無論從特許人還是受許人的角度來講，通過特許加盟合約約束雙方的行為，是維繫特許加盟體系生存和發展的重要保障。

2.特許加盟合約的類型

(1)單店加盟合約

特許人賦予受許人在某個地點開設一家加盟單店的權利時，特許人與受許人直接簽訂的特許加盟合約。

單店加盟合約是最有典型意義的特許加盟合約，包含了特許加盟合約的主要要素。此種合約的一方是特許權的所有者，另一方是特許權的直接使用者，這種合約反映了特許權所有者與使用者直接的權利義務關係。在單店加盟合約中，雙方關係相對簡單。單店加盟合約適用於特許權所有者直接發展受許人的情況。它的優點是特許者容易實現對受許人的控制，業務發展的利潤未分流；缺點是發展速度較慢，對特許人管理和控制能力要求較高。

(2)區域加盟合約

特許人將在指定區域內的獨家特許加盟權授予區域受許人，區域受許人可將特許加盟權再授予其他申請者，也可由自己在該地區

開設特許加盟經營點，從事特許加盟經營活動。這時特許人與受許人簽訂的合約就是區域加盟合約。

區域加盟合約的特點：第一，合約主體一方是特許權的所有者，另一方不一定直接使用特許權，而以自己的名義發展受許人；第二，合約包含區域開發的內容；第三，與單店加盟合約相比較，區域加盟合約相對複雜。

區域加盟合約適用於跨地域發展和分區域開發特許業務的情況，它的優點是容易實現特許體系的快速發展，部份管理工作由區域受許人完成，特許人能減少許多管理、控制任務；缺點是不易保證特許加盟體系的完整與統一，對區域受許人的依賴過強，且存在利潤分流。

心得欄

20 加盟工作的標準化

　　特許經營的標準化主要體現在總部加盟工作流程的標準化、總部和單店管理方式上的標準化、系統內形象的標準化，以及商品或服務操作上的標準化等四個方面。這非常容易理解，因為特許經營就是讓不同的人在不同的地點和不同的時間做一件相同的事情，那麼其操作上是否標準就對這件事情的成敗起到重要的影響。

1. 總部加盟流程的標準化

　　特許加盟首先是總部加盟流程的標準化。統一並相對穩定的入盟條件、嚴格的入盟步驟和不折不扣的實施就是一種標準化，但企業在制定和實施起來總有這樣那樣的差錯，主要表現在：有統一的入盟條件，但企業總部授權部相關員工在執行中隨意性較大，並沒有相關的機制來約束這種隨意發揮；這些入盟條件看起來穩定，但在實際執行中，有許多員工總是習慣性地向即將可以實現的利潤目標屈服，而表現出不同人和地區的差異；企業制定的入盟步驟的目的就是希望每一個加盟者都能在加盟過程中瞭解企業和項目、瞭解加盟後的市場利潤和風險所在，而現實中有的企業表現出十分的功利，盡可能地隱瞞潛在的風險，而極盡放大市場利益之能事，讓那些外人看起來嚴肅的入盟步驟僅僅當作一種作秀的工具；在沒有有效的制度保障下，企業主或加盟者的願望都有可能成為一種奢望。毫無疑問，總部加盟流程的標準化嚴格來說是檢驗所有加盟者的綜

合素質,並為每一個加盟者的投資負責,以及為今後可能獲得的推廣成功所作的鋪墊。

2. 總部和單店管理方式的標準化

特許加盟其次要做的是總部和單店管理方式上的標準化。管理方式的標準化是保障總部和每一個加盟單店的實際利益、降低管理成本所作的基礎性工作。總部分工不明確、崗位理解不透徹、作業流程過於繁雜、缺乏時間觀念,以及沒有制定單店有效的管理模式和缺乏統一的督導方式等,是目前特許經營企業普遍存在的主要問題,而結果往往也會使那些加盟者或單店很快喪失應有的積極性,出現單店管理上的無序,從而導致總部對單店的實際失控。讓加盟者從實際的管理工作中解脫出來,騰出精力來做好產品、服務和行銷,是每一個加盟者所期望的,然而在單店的管理方式上,總部提供的手冊過於機械,或者總部市場督導太主觀,執行標準時時在變等最讓加盟者頭疼。正確的做法應該是,總部不僅要確立基本的管理和服務理念,更要制定規範的總部管理模式,而且針對不同地區,所提供給每個加盟者的管理手冊中也應體現不同的個性特點,同時讓每一個市場督導都有統一的督導標準來對單店實施督導。

3. 系統形象的標準化

特許加盟再次要做的是系統形象的標準化。系統形象的標準化是企業獲得推廣和日後經營成功的輔助手段,其目的是為了不斷提升企業和品牌的市場形象,旨在使企業的特許經營體系得到更大範圍的認可和被目標顧客熟知。對形象理解的不同、製作和要求上的隨意、展露位置的不恰當,以及日後督導不力等都可能是導致企業形象錯亂的主要根由。特許經營體系中的形象不僅包括企業或品牌

的標準字、標準圖案，還應有特許經營體系中所宣揚的服務或經營理念、企業或單店存在的使命、顧客所能感知到的品牌核心價值，以及上述要素的使用規範。加盟單店對加盟總部提供的形象要求在製作和使用上表現出的隨意性，必將導致顧客認知的紊亂，甚至導致品牌原有的市場定位變得不清晰而使顧客忠誠度直線下降。

4. 商品和服務操作的標準化

特許加盟最後要做的是商品和服務操作上的標準化。這部份的標準化最富有利益性，也是所有標準化當中最為重要的方面，因為無論是製作商品還是提供服務，都是直接面向顧客，直接體現企業和加盟者的經營價值，任何一個失誤都有可能使顧客喪失消費信心。因製作的不規範而使商品存在先天缺陷、因技術不到位而使商品品質流於一般、因操作流程的不標準而使商品外在和內在的差異較大、因個人性格或觀念的差異而使提供的服務時好時壞、因缺乏統一規範的服務用語而總難讓顧客心滿意足等等現象都是標準化缺失的直接後果。我們不可以對任何單店店員的自覺和悟性抱有信心，任何靠意會的操作環節往往最先靠不住，只有詳細地對每一個操作環節加以規定，並在店員出錯時有統一的糾偏標準及時糾偏，才能使每一位顧客感到滿意。

特許經營體系中的標準化本質上就是一種推廣手段，企業靠標準化來招商和對加盟單店實施管理，加盟單店靠標準化來滿足顧客並對本店實施管理。因此，標準化可以很好地將企業和加盟者的利益統一起來，使得企業的推廣、加盟者的服務都方便、規範，最終使特許經營體系更加充滿生命力。

21 組建招商團隊

1.連鎖加盟業務人員的角色

(1)業務管理者

在特許經營業務中，連鎖加盟者既是受許人的客戶，又是特許人的業務管理對象。總部市場管理人員協助加盟者去引導、改變和提升、幫助客戶成長。客戶的成長，客戶業務的增加，就需要更多的補貨，同時擴展了特許方業務的增加，達到了公司雙贏的最終目的。

(2)企業品牌使者

加盟商是代表公司與終端消費者直接進行接觸的人，公司的理念及產品等都要通過加盟商向終端消費者表達。加盟商是連接公司與終端顧客的橋樑，加盟店的一舉一動，都密切關係著顧客對總公司形象及產品的評價。

(3)企業感應器

「春江水暖鴨先知」，企業在整個行業中的狀態首先通過加盟商的業務情況表現出來。通過對加盟商的業務進行匯總分析，可以推斷出企業總公司的市場狀況，進而有利於總公司進行戰略調整，最終實現雙贏的目的。

(4)加盟商顧問

加盟商的表現是準加盟商在進行項目考察時的一個參照。一般

準加盟商在加盟之前會到加盟商處進行觀察、諮詢，再結合自己的標準考慮是否加盟。這樣，之前的加盟商便充當了加盟商顧問的角色。

招商能否成功，關鍵在於是否擁有一隻高素質的行銷團隊。大多數特許經營企業對專業招商人才的作用認識不足，或者不願付出人力成本，隨便應付，人才數量和品質都無法保證，以致在關鍵的時候不能完成「臨門一腳」，錯失商機。

當然，高素質的招商團隊不能單靠招聘而來，主要靠企業內部的培訓，使招商人員統一思想，並要統一全體成員的內在共識和言行標準，步調一致，共同推進。高效而實用的招商培訓是招商成功最重要的保障之一。重視招商團隊的建設是企業招商成功的關鍵因素，也是企業普遍都欠缺的一塊。

一個沒有思想的人是行屍走肉，一個沒有核心理念的招商隊伍只能是一盤散沙。所以，在溝通與管理中不但要教會員工如何運用各種技巧去招商，更重要的是必須有凝聚人心的思想，真正形成有凝聚力的招商團隊。

「思路決定出路，細節決定成敗」，招商講究的是市場功底，講究的是細節累積，再高的招商目標也是由一個又一個大大小小的招商業績累積而成的。

經銷商招商必須強調全員招商的觀念，除了招商核心人員，經銷商的其他人員也要懂得公司產品的招商政策、產品知識，因為經銷商本身人員就比較少，只有十幾人或二十幾人，如果招商僅僅靠一兩個核心人員，無論如何也不能應付招商會加盟商的詢問和業務洽談。這就要求經銷商團隊的每一個成員都能全面瞭解招商政策和

產品知識，對客戶的一般問題都能解答，對客戶都能進行講解和宣傳，只有談到了實質的簽約問題，再由經銷商的核心成員來作決定，這樣不僅對每個成員是一種鍛煉，同時也大大減輕了核心成員的壓力，增加了簽約的成功率。

2. 打造精銳招商團隊

人是連鎖招商成功的關鍵之一，企業持續穩定地擴張，必須組建一隻有激情、有策略、有戰鬥力的招商拓展團隊。首先搭建招商組織，明確各崗位職責，制訂計劃進度推動表，分工籌備、分工協作。不同的企業，其招商組織設計也不同。

接下來就是招商團隊組織成員的分工職責明細。只有各個小組齊心協作，才能打造出成功的招商活動。

招商工作繁雜、瑣碎，不僅要求招商人員有嚴明的組織及清晰的分工，更重要的是招商人員必須掌握必要的知識與技能，要求招商培訓工作要到位。招商培訓的內容常常包括企業及產品、連鎖模式、行業動態及發展趨勢的知識，溝通、談判技巧，招商流程、關鍵環節與各工具使用、企業招商戰略規劃、目標規劃、招商模式與操作步驟，招商策略及執行方案，招商政策與招商手冊，加盟合約的解讀，加盟招商答疑，等等。

招商小組分工職責表如下：

表 21-1 招商分工職責表

職責明細		成員	小組負責人
總指揮	1. 對招商活動方案進行審核； 2. 招商宣傳資料審核； 3. 確定招商時間、地點及招商預算； 4. 確認招商與會嘉賓及媒體單位； 5. 審核場地佈置、現場流程； 6. 對公司基本資料介紹內容審核； 7. 對招商工作小組進行人員分工； 8. 其他機動事宜	副總、行銷總監等	董事長、品牌組
洽談組	1. 負責邀約意向客戶； 2. 負責對現有客戶做分類，提供客戶基本資訊及座次安排； 3. 負責對客戶到場後的及時服務； 4. 負責現場解答客戶疑問； 5. 負責向客戶推介本招商項目，達成合作意向； 6. 負責招商會後跟蹤客戶，確認招商加盟	通常是行銷經理	行銷總監、品牌組
品牌組	1. 招商小組通訊錄印製； 2. 招商宣傳資料籌備； 3. 邀請與會協會嘉賓及相關媒體； 4. 制定廣告投放方案並執行； 5. 聯繫招商會講師及主持人；	通常是品牌總監、經理等	總指揮、後勤接待組、洽談組

續表

品牌組	6. 準備現場工作人員胸牌、嘉賓胸牌； 7. 照相機、攝影機安排到位； 8. 制定現場座次安排表； 9. 協助後期組進行會場佈置； 10. 組織與會發言人演練	通常是品牌總監、經理等	總指揮、後勤接待組、洽談組
後勤接待組	1. 酒店預訂安排； 2. 工作人員後勤服務； 3. 部份現場物料採購； 4. 場地安排及佈置； 5. 接送客戶車輛安排； 6. 其他機動事宜	通常是總經辦主任	總指揮

3. 招商團隊的組建

在招商這個系統的工程中，人的因素是最關鍵的，產品銷售突飛猛進、公司管理穩定發展、建立一隻精明強於的招商隊伍是經銷商招商工作的重中之重。然而，除了專業招商公司之外，一般的招商企業在團隊建設方面都比較薄弱。

對於經銷商團隊而言，招商會可能是整個團隊一年之中最大的一項活動，因此，在招商的過程中，經銷商團隊要全員參與，共同參加到策劃、組織、實施招商會的過程中來。這就需要經銷商的團隊成員在原來分工的基礎上組織一個臨時性的招商團隊，團隊成員需要把原來的工作放下，或者是兼任原來的工作，參與到招商中來，群策群力，共同把招商活動組織好，實施好。

在實際操作中，如何來組建一隻精幹的招商團隊呢？首先，要建立一個完善的招商組織體系。依據經銷商團隊的規模，招商的組織體系大小也不盡相同。在招商的組織體系中一般有這麼幾個核心的職能部門和崗位：

(1)招商經理。招商經理的主要職能是統攬整個招商全局，協調各個部門之間的關係，擔負著招商項目戰略的制訂以及戰術落實的監督等重要職能。具體包括招商目標的制定，確定各部門各階段工作計劃，與目標客戶進行商務談判，合約的監督執行。一般來說，招商經理由經銷商團隊的負責人擔任。

(2)企劃部。企劃部是招商的「大腦」，它擔負著收集市場訊息、調查和研究市場、招商策劃等重要的工作，為招商提供全面的市場引導與支援，包括所有招商策略的制定與落實；招商廣告的媒體選擇；招商費用預算及效果評估；招商會議的組織實施；招商資訊的管理；加盟商常見問題應答；加盟商甄選標準與核查。一般設置企劃、文案、平面設計、媒介投放、市場調研等幾大塊。

(3)銷售部。銷售部是招商工作的執行者，擔負著客戶的邀請、商務談判、招商回款等重任，職責是建立、健全客戶檔案，加強各戶管理，保持與客戶間雙向溝通。一般銷售部設置區域經理及銷售助理若干。

在這個部門裏，銷售助理的角色非常重要，主要是負責加盟商一次來電的接聽和處理，同時協助區域經理處理日常的信件、資訊處理、招商談判及加盟商檔案管理等重要工作，區域經理不在時還要成為「替補」，是加盟商和區域經理之間的「緩衝帶」，所以銷售助理的角色很重要。具體職責一般為：匯總市場訊息，對拓展招商

提出建議及方案；組織建立健全客戶檔案，確保客戶不丟失；負責接聽諮詢來電、回答、介紹有關問題；負責重要客戶的接待工作，票務聯繫；對確保加盟商信譽負責。

區域經理的重要性就更不言而喻了，他直接關係到公司的招商業績，不但要將招商政策傳遞給加盟商，還要給加盟商描繪可操作的市場方案及美好的市場前景，促成加盟商「應招」；與加盟商保持密切聯繫；參與加盟商初選談判；負責客戶的接送站、訂房、接待工作；接聽客戶來電，介紹產品知識；考察客戶的信譽度、經營實力情況；各種報表的管理、預備工作；各種宣傳品的管理，預備工作；對與客戶保持良好關係負責。區域經理應具備一定的招商運作經驗，長於說服、鼓勵性的談判，具團隊合作精神、服從意識和大局觀念。

這樣一個招商的組織結構適合於招商的整個過程，但在招商會召開期間，經銷商團隊的各項工作應作相應的調整，要緊緊圍繞招商會的實施，成立招商會的會務組和業務組，並有統籌統一指揮。

一個招商團隊能否發揮出應有的水準，一方面要依靠一個管理者的技能和水準；另一方面也應該注意各項制度和體系的建設，包括組織結構的優化、建立以崗位責任制為核心的考核制度、完善和落實考評、激勵機制、建立團隊的培訓體系。

22 加盟招商的談判與溝通

1. 針對加盟商的心中利益點

關於怎樣組織招商會的開展,至關重要的是要深刻理解加盟商的心理狀態和利益點,從而使會議的內容及組織有針對性。一般的加盟商只要來參會,都會抱著想要抓住機會賺錢發展的心理,而能夠激發加盟商興趣的關鍵點通常有以下幾點:

(1)產品是否有前景,是否有產品力。

(2)利潤空間是否夠,是否有錢可賺。

(3)推廣支持是否週密可行,支持力度是否大、能否到位。

(4)企業是否有實力、信譽、承諾能否兌現(包括支持、協銷承諾及加盟商風險控制承諾等),同時,這些問題又成為加盟商的疑慮。

因此,加盟商的簽約與否,實際就是連鎖企業能否利用招商工作及招商會議,最終使加盟商的理性天平更多地偏向信任的一面。

因此招商會議的直接目的應該是使所有的加盟商達到「五信」,即:

(1)信企業:使加盟商瞭解、確信企業是有實力、講信譽的,有能力、有戰略、有遠見的。

(2)信產品:產品的功效確實、賣點獨特、定位準確、品質可靠,是有市場前景的產品。

(3)信模式：企業的行銷模式先進而有實效，管理規範，可操作性強。

(4)信利潤：有錢可賺，利潤空間大。

(5)信合約：合約嚴密，責權利明確，有絕對的約束性和保障性，不會出現簽而無效的情況。

2.準備工作要細緻週密

想要達到「五信」，以下兩方面的工作一定要做好：

(1)招商會議的內容、流程、設計準備要專業，要有針對性。

(2)招商工作的所有流程都要嚴密，不可輕視。例如，接電話是否專業，是否體現了與公司要展示的形象相匹配、相應和；企業的一些小物品的設計是否統一，如給加盟商郵寄的信封、信箋是否 VI 統一等等。

招商會議的內容流程不能簡單地按加盟商所關心的問題為順序，因為按照一般的溝通規律來說，首先，加盟商最關心的問題也是最難以做出完美回答的問題，是最易產生洽談矛盾的地方，因此應放在後面談。其次，加盟商所關心的只是幾個「點」，但其實理解「點」的問題需要「面」的內容來支援。如果撇開公司的全面描述這個「面」的背景，孤立地就問題談問題的話，雙方很難達成共識。再者，如果做好了洽談內容的鋪墊工作，則後面的問題能很快解決就是一種自然的結果了。

由此，招商會的內容流程佈局應為這樣：

1	致歡迎辭，介紹參會人員	主持人	5分鐘
2	公司介紹(配合文字及VCD資料投影展示)	公司負責人	10分鐘
3	產品介紹(配文字、圖片投影展示)	公司技術負責人	20分鐘
4	行銷模式、產品推廣方案介紹(文字、VCD及圖片投影展示)	公司行銷負責人或所合作的著名行銷策劃公司負責人	30分鐘
5	合作方式及合約講解(配文字投影展示)	公司銷售管理負責人	10分鐘
6	加盟商及廣告商代表發言	加盟商及廣告商代表	10分鐘
7	產品展示及廣告宣傳、促銷活動資料圖像、VCD展示	主持人	30分鐘
8	簽約方式公佈、問題答疑	公司幾位主要負責人	2小時
9	簽約	商務代表、行銷負責人	半天

因此，會議的流程也就是進一步強化加盟商的流程。整個會議過程要注意三個關鍵方面：

(1)演講水準。演講人衣著、氣質、口才、內容準備都關係到會議效果，因此事先要進行專業而系統的訓練。因為招商會議本身就是利用綜合展示企業的方式來吸引加盟商合作的活動，因此公司的經理人員一定要努力具備可展示的素質。

(2)問題答疑。會議局面的控制能力最集中地體現在問題答疑

上，因此要注意任何問題都不能逃避，不能用外交辭令，必須予以正面回答。

　　參加招商會的加盟商雖總體目標趨向一致，但就單獨個體來說，心態較為複雜，目的、性格各不相同。對個別態度較為偏激的加盟商，要在事先判斷出來，並安排溝通能力強的商務代表進行專門、有效的溝通、引導；對競爭企業來人及惡意刁難者要進行有效疏導。

　　選擇合作態度較為積極的加盟商作為意見領袖，主動就加盟商常規關心的問題進行提問，避免會場的氣氛被消極的提問及懷疑、不滿的情緒所控制。

　　作為答疑人的公司主要負責人應具有較強的親和力、人格魅力及較好的應變能力，對加盟商可能提出的問題要準備充分。

　　(3)簽約：儘管加盟商都是經過理性分析來決定自己的選擇，但從眾心理在這裏體現得仍很明顯。

　　進行有效、有目的的會前溝通，選出有條件、態度積極、合作傾向明確的加盟商進行事前確定，同時也聽一下他們的建議和意見。

　　在招商會上，由事先確定的幾家態度積極的加盟商首先帶頭簽約。

　　總之，招商會議是一種行銷公關工作，也是展示企業組織能力、控制管理能力、基本素質的活動，關係著公司整體招商活動的成敗及下一步行銷運作的順利展開，因此企業要專業、細緻而週密地對待。

23 加盟招商會工作流水表

招商會工作流水表

招商會主題：

招商會時間：　　年　　月　　日　　　　舉辦地點：

距招商會天數	計劃完成日期	工作要項	執行單位	執行人員
招商會前45日		1. 招商會團隊組建，並對人員做出明確分工； 2. 印製招商團隊通訊錄，組織各小組開會討論後分頭行動	招商總指揮	招商總指揮
招商會前40日		各小組分頭行動：後勤接待組篩選會議場地；品牌組準備會務宣傳物料；洽談組與原有客戶進行電話溝通，維護客戶關係，初步告知活動信息	品牌組、後勤接待組、洽談組	品牌組組長、後勤接待組組長、洽談組組長
招商會前35日		招商會發言嘉賓確定，如邀請講師也需要同時確定	品牌組	品牌組組長
招商會前30日		會場確認及相關定金支付，包括：1. 演講會場；2. 洽談會場：3. 酒店住宿；4. 晚宴預訂	後勤接待組	小組組長

續表

招商會前29日		招商會現場流程確認。注意與酒店方協調	後勤接待組、品牌組	品牌組組長
招商會前25日		會務宣傳物料製作完成，包括： 1. 公司品牌手冊； 2. 招商手冊； 3. 公司宣傳片； 4. 公司招商手提袋； 5. 招商資料袋禮品：印有公司Logo的筆記本及筆； 6. 招商隊伍的足量名片； 7. 招商易拉寶、X展架； 8. 公司談判Logo旗； 9. 公司空白便箋紙； 10. 會場指示引導標誌牌等； 11. 招商主題橫幅； 12. 現場背景噴繪； 13. 招商會邀請函； 14. 工作人員胸卡等	品牌組	品牌組組長
招商會前24日		1. 加盟政策及優惠確認：保證業務人員口徑一致； 2. 加盟意向合約準備完成：發給業務人員，方便聯繫客戶需要； 3. 分發招商會邀請函：業務人員可以郵寄或傳真(注意回收回執單)	洽談組	洽談組組長

續表

招商會 前23日		1. 與媒體聯繫投放廣告或合作舉辦； 2. 組織與會發言人撰寫發言稿	品牌組	品牌組 組長
招商會 前22日		1. 確認招商會現場主持人，通知其撰寫 主持串詞稿； 2. 回收講師講稿	品牌組	品牌組 組長

招商會
前20日
		1. 針對前期邀約情況，歸納總結暴露的
		  問題，並討論應對政策；
		2. 確認前期意向客戶人數及人體分類；
		3. 制定最後衝刺目標，動員全體業務員
		  再接再厲
			洽談組	洽談組
				組長

招商會
前19日
		1. 回收各與會發言人發言稿及主持人串
		  詞稿；
		2. 針對發言稿和主持稿提出修改建議，
		  通知各相關發言人修改
			品牌組	品牌組
				組長

招商會 前18日		1. 準備招商會所需禮品及證書等物件； 2. 招商會會務小組辦公及後勤物件準備	後勤 接待組	後勤 接待組長
招商會 前15日		洽談組邀約第一次客戶名單匯總及問題 分析會	洽談組	洽談組 組長
招商會 前12日		新聞媒體、協會嘉賓邀請	品牌組	品牌組 組長
招商會 前10日		全體人員流程演練	全體會務 人員	總指揮

續表

招商會前9日		洽談組邀約第二次客戶名單匯總及重點區域走訪分工，組織洽談組成員部份到重點目標市場走訪邀約	洽談組	洽談組組長
招商會前8日		重點發言人講解演練	品牌組、發言人	總指揮
招商會前7日		會場所需車輛、鮮花、茶點等全部預訂到位	後勤接待組	後勤接待組長
招商會前5日		洽談組最後一次匯總客戶名單，停止邀約；部份走訪人員可在當地時間進行兩天的市場調研	洽談組	洽談組組長
招商會前4日		聯繫酒店，再次確認場地相關事宜，並確定兩次演練時間和場地	後勤接待組	後勤接待組長
招商會前3日		打包分類資料，指定專人對專項資料負責，將資料運抵會場	後勤接待組、品牌組	後勤接待組長
招商會前3日		召開洽談組全體會議，分析招商重點客戶名單，並制定會場客戶分組名單	洽談組	洽談組組長
招商會前2日		組織在酒店的第一次演練，無場地佈置，主要是針對發言人和主持人的演練	品牌組、發言人	總指揮
招商會前2日		確認媒體及與會嘉賓到場時間	品牌組	品牌組組長
招商會前2日		會場座次安排表確定	品牌組、洽談組	品牌組組長

續表

招商會前1日		會場佈置：會場形象、設備調試、座次安排名錄架	後勤接待組	後勤接待組長
招商會前1日		會場迎賓接待台佈置及資料袋分裝（注意媒體資料袋、嘉賓資料袋與客戶資料袋嚴格區分）	後勤接待組	後勤接待組長
招商會前1日		全體會務人員正式大彩排	會務全體人員	總指揮
招商會當日		嚴格依流程操作，由總指揮全面調度	會務全體人員	總指揮
招商會第2日		向客戶、嘉賓及媒體發感謝與會短信	洽談組、品牌組	洽談組組長、品牌組組長
		撤場，回收物料	後勤接待、品牌組	後勤接待組長
		繼續追蹤意向客戶	洽談組	洽談組組長

24 建立麥當勞手冊管理方式

　　麥當勞是世界上最大的速食集團，從 1955 年創辦人雷‧克羅克在美國伊利諾斯普蘭開設第一家麥當勞餐廳至今，它在全世界已擁有 28000 多家餐廳，成為人們最熟知的世界品牌之一。麥當勞金色的拱門允諾：每個餐廳的菜單基本相同，而且「品質超群、服務優良、清潔衛生、貨真價實」。它的產品、加工和烹製流程乃至廚房佈置，都是標準化的，嚴格控制。在「品質、服務、清潔和物有所值」的經營宗旨下，人們不管是在紐約、東京、香港或北京光顧麥當勞，都可以吃到同樣新鮮美味的食品，享受到同樣快捷、友善的服務，感受到同樣的整齊清潔及物有所值。

　　從以下幾點我們可以看出麥當勞在標準化這一點上可是細緻得甚至有些「苛刻」：精確到 0.1 毫米的製作細節，例如，嚴格要求牛肉原料必須挑選精瘦肉，由 83%的肩肉和 17%的上等五花肉精選而成，脂肪含量不得超過 19%，絞碎後，一律按規定做成直徑為 98.5 毫米、厚為 5.65 毫米、重為 47.32 克的肉餅。食品要求標準化，無論國內國外，所有分店的食品品質和配料相同，並制定了各種操作規程和細節，如「煎漢堡包時必須翻動，切勿拋轉」等。無論是食品採購、產品製作、烤焙操作流程，還是爐溫、烹調時間等，麥當勞對每個步驟都遵從嚴謹的高標準。麥當勞為了嚴抓品質，有些規定甚至達到了苛刻的程度，例如規定：

· 麵包不圓、切口不平不能要；

· 奶漿供應商提供的奶漿在送貨時，溫度如果超過 4℃必須退貨；

· 每塊牛肉餅從加工一開始就要經過 40 多道品質檢查關，只要有一項不符合規定標準，就不能出售給顧客；

· 凡是餐廳的一切原材料，都有嚴格的保質期和保存期，如生菜從冷藏庫送到配料台，只有兩個小時保鮮期限，一超過這個時間就必須處理掉；

· 為了方便管理，所有的原材料、配料都按照生產日期和保質日期先後擺放使用。

麥當勞還竭盡全力提高服務效率，縮短服務時間，例如要在 50 秒鐘內制出一份牛肉餅、一份炸薯條及一杯飲料，燒好的牛肉餅出爐後 10 分鐘、法式炸薯條炸好後 7 分鐘內若賣不出去就必須扔掉。

麥當勞的食品製作和銷售堅持「該冷食的要冷透，該熱食的要熱透」的原則，這是其食品好吃的兩個最基本條件。

正是由於麥當勞做到了別人做不到甚至不敢做的事情，才能在全球速食領域中獨佔鰲頭。

連鎖經營的各個體系建立起來以後，要建立傳播拷貝機制。傳播拷貝機制包括連鎖經營管理手冊的複製與輸出，以及保密機制的建立。

連鎖經營內容的拷貝主要是為了確保連鎖店的一致性和簡單化，包括經營管理軟體（手冊）的複製與輸出。它可以通過資料的發放或者培訓來實現。

連鎖經營管理手冊和運營管理模式的所有內容屬於連鎖企業的內部機密文件，是有關連鎖企業的核心資料，絕對不能外泄，不能讓加盟商和其他競爭對手輕易拿走。

要使經營手冊的表現方式不易於傳播，可以採取錄影、文檔、手冊等多種方式結合起來使用。這樣，想刺探企業內部核心機密的人就不容易收集到全面的資料。

培訓體系是一個「五 T 模型」，即制度標準(Touchstone)、手冊化培訓課程(Text)、培訓實施(Training)、測試考核(Test)、完善工具(Tool)。

培訓體系本質上是運營體系的變換，也就是把營運體系的手冊拷貝、複製，再進行輸出。所以應該讓培訓內容易於傳播，容易被加盟商接受、聽懂，內容表現要簡單。教材等授課內容要容易學習，以流程化和操作步驟、規範的形式出現。5T 模型如下：

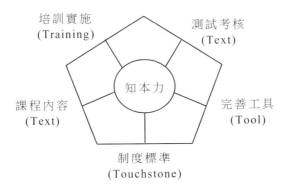

麥當勞以其先進的特許經營方式發展加盟店，不過，很多企業卻錯誤地理解了這種「加盟店」的含義，以為同樣的店開得越多越好。

其實特許經營是種「一本萬利」的模式，它的「本」不是本錢的「本」，「利」也不是「利潤」的利，而是指一個「基本」的模式被無數次地利用，即將一個店鋪的贏利模式無限地複製。例如麥當勞有一個「本」，就有 28000 多家店在用這個「本」。

1. 產品的標準化

在麥當勞的整個發展過程中，麥當勞餐廳向顧客提供的食品始終只是漢堡包、炸薯條、冰激淩和軟飲料等，即便有變化也只是原有基礎上的細微變化。儘管不同國家的消費者在飲食習慣、飲食文化等方面存在著很大的差別，但是麥當勞仍然淡化這種差別，向各國消費者提供著極其相似的產品。

麥當勞對儀器的標準化不僅有定性的規定，而且有著定量的規定。例如，漢堡包的直徑統一規定為 25 釐米，食品中的脂肪含量不得超過 19%，炸薯條和咖啡的保存時間不得超過 10 分鐘和 30 分鐘，甚至對土豆的大小與外形等都有規定。這些規定在各地的連鎖店中必須嚴格執行，並且每年會進行兩次嚴格的檢查。

2. 分銷的標準化

無論是麥當勞自己經營的連鎖店，還是授權經營的連鎖店，店址的選擇都有著嚴格的規定。最初的店址規定是：5 公里的半徑範圍內有 5 萬以上的居民居住。後來這一規定被更改了，並規定連鎖店必須建於繁華的商業地段，諸如大型商場、超市、學校或政府機關旁邊等。這一規定沿襲至今，並且作為選擇被授權人的重要條件之一。不僅如此，所有連鎖店的店面裝飾與店內佈置必須按照相同的標準完成。

3.促銷的標準化

麥當勞在其整個經營過程中始終堅持以兒童作為主要促銷對象，其促銷理念是吸引兒童消費就吸引了全家消費，為此，店內有供兒童娛樂的場所和玩具。其促銷的方式主要是電視廣告。

為了使所制定的各項標準能夠在世界各地的連鎖店得到嚴格執行，麥當勞設立了漢堡大學，以此來培養店長和管理人員。

此外，麥當勞還編寫了一本長達 400 頁的員工操作手冊，詳細規定了各項工作的作業方法和步驟，以此來指導世界各地員工的工作。

25 單店運營管理手冊示例

ABC 專賣店《運營管理手冊》目錄

1. 概述
2. ABC 專賣店的經營理念
(1) ABC 專賣店是什麼
(2) ABC 專賣店經營理念
3. ABC 專賣店的組織和崗位職責
(1)組織結構
①標準店中店組織結構

②標準獨立店組織結構

②崗位職責規範

①店長基本任職條件和崗位職責規範

②店員基本任職條件和崗位職責規範

4. 專賣店人力資源管理和培訓

(1)人員招聘與任用

①確認職位的條件

②人員僱用策略要點

③考察和挑選的方式

④錄用的決定

(2)人力資源管理

①人員情況的掌握

②週期性工作與工作計劃

③人員考績、考勤與人事記錄

④加盟商應注意事項

(3)人力資源培訓

①人力資源培訓的重要性

②教育培訓種類

③教育培訓計劃、內容和實施

④教育培訓的方式和考核

5. 顧客服務與顧客服務管理

(1)顧客服務

①服務價值鏈

②顧客服務的原則

⑵顧客抱怨的處理

①顧客抱怨的來源

②對顧客抱怨應有的心態

③顧客抱怨處理的原則和流程

⑶顧客管理

①顧客資訊系統的建立和使用

②固定顧客的培養

6. ABC 專賣店的促銷

⑴影響專賣店促銷的相關要素

⑵專賣店促銷計劃與管理

①促銷計劃

②促銷方法和技巧

⑶賣場展示和 POP

①展示陳列

②POP

7. 競爭店調查

⑴競爭店調查的項目

⑵競爭店情報的來源

⑶競爭店資訊收集的方法

8. 專賣店常規作業管理

⑴營業時間

⑵營業前作業管理

⑶營業中作業管理

⑷營業後(打烊)作業管理

⑸專賣店衛生清潔工作規範

①個人衛生清潔工作規範

②環境及設備用具衛生清潔工作規範

⑹專賣店設備用具保養維護工作規範

⑺專賣店安全工作規範

①員工注意事項

②緊急事件處理

26 分給加盟商的招商手冊

招商手冊是企業物件展示的一種，也是企業用來招商的重要工具。它不但是企業展示實力的重要物件，同時也能從中體現出一個品牌的總體運營狀況。

招商手冊同樣需要進行整體佈局，一般都以公司簡介、企業文化、行業分析、產品系列、優勢分析、加盟保障、加盟條件、加盟流程等幾部份內容構成，所以很難形成差異化，更難展現一個品牌的特有魅力，甚至在不知不覺中成為「招傷手冊」。招商手冊在整體佈局上應該根據企業的實際情況，揚長避短，突出優勢領域，要有一套系統的招商策略。特別是在加盟政策上，一定要精心設計，凸顯差異化，給出誘人但又不虛誇的一整套保障體系。

從招商手冊中，我們應該看到企業盡全力扶持加盟商，將心比

心做管道的決心。企業要重視協助加盟商進行品牌推廣。企業作為品牌的擁有者，應該持之以恒地樹立品牌，不遺餘力地推廣品牌，盡心幫助加盟商塑造品牌、經營品牌。企業要將心比心，把加盟商看成是戰略夥伴，而不是賺錢工具，要幫助加盟商做大做強，因為加盟商的利益也同樣關係到企業的利益。企業和加盟商的最核心的關係是「利益共用」、「合作共贏」，所以企業更有必要幫助加盟商進行品牌推廣。

有些企業為了忽悠加盟商，將保障策略寫得天花亂墜，但實際往往做不到或者根本沒有能力做到，保障策略與企業的實際狀況也不相符合，這種招商手冊以欺騙手段誘惑加盟商，不僅傷害了他們，最終也傷害自己的品牌，使自己的品牌越來越不能取信於人，甚至最後「癱瘓」，是名副其實的「招傷手冊」。

另外，要強調的是，招商手冊在文案創作、產品攝影、排版設計、圖片選擇、材料選用以及印刷製作等方面都不能輕視。那一方面出問題，都會影響招商手冊的品質，進而影響品牌。

招商手冊通常會被用於展會招商、推薦招商、網路招商及媒介招商，在招商過程中，或當面提供實體，或以郵寄等方式提供給有意加盟者，但也不乏電子招商手冊。無論是那種形式，招商手冊都代表了一個品牌的形象，對招商工作至關重要。

1. 要深具視覺衝擊力

在招商會上，各企業向加盟商發出的招商手冊及 DM 宣傳單不計其數，要使自己的招商手冊好比「萬綠叢中一點紅」深深吸引加盟商，並且不被其拋棄，還珍藏細讀的話，那麼首先得在視覺效果上下工夫，既要設計新穎、印製精美，還要符合品牌文化內涵與企

業公眾形象。像四川大宅門酒業公司的宣傳冊就是以「門」字造型，採用高檔金黃色紙張印製，盡顯企業尊貴氣派與品牌形象，頗具檔次，一般欲扔者都覺可惜，這樣，就創造了一個讓客商流覽的機會。

2. 散發方式很重要

招商會期間人流如織，形形色色的人都有，而招商手冊不能見人就發，這樣不但達不到預期效果，還將產生不必要的浪費。對一些將在會期舉辦新品推介會或加盟商聯誼會之類活動的企業，在會前就應把招商手冊寄送到自己熟悉或瞭解的加盟商手中，以便讓他們提前瞭解您的產品資訊，從而促進會期招商效果。

3. 招商手冊必須具備的內容

一份好的招商手冊應該是對本次招商活動一個全面而詳細的說明書，以增強加盟商對新品的認知度及經銷興趣。招商書中必須有企業概況、產品特點、市場潛力、加盟條件、合作方式及獎勵政策等基本內容，要求簡明扼要、主題鮮明，能讓加盟商充分瞭解企業的行銷模式與品牌情況。藍貓集團就直接把招商手冊做成市場實操手冊，使加盟商很清楚地知悉藍貓飲品的行銷策略和招商政策。在製作招商書時，最好附上企業的營業執照、各類產品檢驗報告、獲獎證書等影本，以增強加盟商信任感。

4. 業務及時跟進

在向加盟商散發招商手冊時，可索取一張名片。招商會期間，每天最好把收集到的加盟商名片進行整理分類，然後及時打電話聯繫，可詢問對方對本公司產品有無意向，或約時間見面洽談，或說些問候、祝福之語。總之，業務與服務工作要及時跟進，抓住一切可利用的機會加強與加盟商的溝通，否則，就連你昔日的「席中

賓」，也會成為他人的「座上客」！

下列是某品牌招商手冊範例：

招商手冊

前言

關於 XX 品牌簡介

產品介紹

1.服裝

2.鞋類品牌定位 XX 產品系列

價格定位

銷售終端模式

銷售網路及核心策略簡介

XX 品牌發展展望

XX 品牌優勢分析

1.品牌優勢

2.成本優勢

3.服務優勢

4.管理優勢

5.XX 品牌 2009 年行銷推廣計劃

6.應對策略

7.工作重點

加盟 XX 品牌 XX 專賣店投資分析

市場分析

XX 產品線及其發展方向

XX 專賣店投資分析

贏利模式

投資預算與利潤分析(以中等城市為例)分析總結

XX 專賣店開店要求

XX 專賣店開店支持、廣告支持和行銷活動

2002 年廣告支持及行銷活動回顧

2003 年廣告支持及行銷活動計劃

我們能為您做什麼

XX 品牌區域代理申請表

XX 品牌加盟店申請表

前言

目前，全國上下掀起一股特許經營的熱潮，使得大家都非常關注特許經營這種經營模式。據資料分析，特許經營之所以在我國如此火暴，最主要的原因是正處於經濟結構轉換的關鍵時期，第三產業發展空間巨大，而且第三產業中的很多領域適合個人創業。同時，我國已有一大批擁有十幾萬、幾十萬元資金並有創業計劃的投資者，但由於市場競爭的激烈，他們往往感到投資無門。所以，特許經營模式出現時，他們就找到了這樣一個穩妥的投資方向。當他們選擇並確定加盟一項特許經營時，實際上他們是購買了特許經營者多年的業務經驗。實踐證明，特許加盟經營模式是一種成功的運作方式，它大大降低了個人投資創業的風

險，因而深受創業者歡迎。

　　XX 品牌是來自英國的歐洲名牌，暢銷世界各地，2000 年 4 月授權廣州市 XX 體育用品貿易有限公司為中國大陸銷售總代理，並開始進入中國市場。

　　XX 以其強勢的產品開發、設計而著稱。產品線條流暢、結構嚴謹、穿著舒適，更以其低價位、高品質贏得全球消費者的青睞。其慢跑鞋獨有的輕量設計及 Dome 系列專利減震設計，在國際同類產品中，尤其獨樹一幟。

　　XX Dome 減震緩衝系統，全球獨有的專利技術，經過對運動力學的反覆研究，以其獨特的、科學的、嚴謹的結構設計，有效減輕運動對腳部的衝擊，具有抗扭、減震的功能。

　　XX 推出了最新「EG」(Earth Gear)系列戶外鞋，這種戶外鞋採用全新設計理念，全牛皮鞋面，底部裝有 Dome 減震系統，更具有多工序和高技術的製造流程，是一組老少鹹宜的、具有國際水準的高級系列運動休閒鞋。

　　本公司真誠希望與全國各地的運動用品商或正在計劃個人投資的創業者進行廣泛的合作，共同打造××品牌這艘航空母艦。

關於 XX 品牌
一、品牌簡介

　　XX 源於英格蘭著名的戶外休閒、登山運動品牌，由 XX 創立於 1987 年。

　　作為英國老牌運動品牌之一，沿襲了英格蘭人狂傲不羈的設計風格和歐洲頂尖的設計理念、世界一流的品質、舒適簡潔的造

型、鮮明時尚的個性。

XX 已在歐洲、美國、俄羅斯、澳大利亞、南非等世界各地銷售並取得很高知名度。僅僅經過 9 年的發展，至 1996 年，XX 系列在全球的銷售量已達到年銷售 400 萬雙。2000 年 4 月授權廣州市 XX 體育用品貿易有限公司為中國大陸銷售總代理，開始進入中國市場，並已得到了市場的認可。

XX 的 Logo 標準表現形式：圖示××

XX 的 Dome 減震緩衝系統，是全球獨有的專利技術，經過對運動力學的反覆研究。以其獨特的、科學的、嚴謹的結構設計，有效減輕運動對腳部的衝擊，具有抗扭、減震和能量回歸的功能，有效防止運動對腳部的傷害。

產品介紹

XX 運動休閒系列主要包括鞋類、服裝類以及相關配件(帽子、襪子和背包等)。

1.服裝

XX EG 系列服裝，充分考慮人體特點進行設計。其結構嚴謹，線條流暢，穿著舒適，如帽子的設計，適合人體特點，對視覺毫無影響。

EG 系列有多方面的產品特色，包括多質地的微纖維外層面料、尼龍織物和羊毛襯裏等，選料上乘，做工精細……

2.鞋類

XX 鞋類主要包括三大系列，即 XX Sports、XX EG 和 XX Dome 系列。

XX Sports 慢跑鞋系列，採用優質的透氣網布和高級的合成

材料組成，採用高密度的 EVA 發泡材料。產品設計風格獨特自然，配以獨特的輕量設計，使穿著更舒適、輕鬆。

EG(Earth Gear)系列戶外休閒和登山運動鞋系列，採用全新設計理念，全牛皮鞋面，性能好，專為喜愛戶外運動的人精心打造。其舒適的穿著感，使人自信而有活力，令你的雙腳隨時保持最佳狀態，是一組老少鹹宜的、具有國際水準的高級運動休閒鞋。

Dome 系列運動休閒鞋，經過多年的研究，結合人體學和運動學，運用先進的科技，創造出世界獨樹一幟的抗扭曲結構體系以及底部 Dome 減震系統，具有抗扭、減震的功能，有效防止運動中對腳部的損害；同時加上時尚的線性設計理念，簡潔明朗。

品牌定位

XX 品牌定位主要針對喜好運動休閒大學生和白領，是一個極具動感風格的運動休閒品牌。

品牌個性：健康、活力、個性、富有創造力。

目標消費群體：覆蓋 16～40 歲的人群(男女比例基本持平)。

·16～20 歲的人群(高中生、大學生)。

·21～26 歲的人群(白領為主，包括有固定收入、追求個性體現的年輕人)。

·27～40 歲的人群(事業有成、忙裏偷閒的成功人士)。

XX 產品系列

1.街頭休閒系列[street casual]

(1)以街頭休閒為切入點，注入時尚文化，塑造新的都市流行亮點，專為喜愛隨意、舒適、自信而有活力的個性人士全力打造。

(2)產品設計風格獨特自然，線條剛柔相濟，適合與休閒服飾

搭配，表現大都市年輕人的形象。

2.經典時尚系列[Basic]

(1)主要針對 20～28 歲的白領消費群體。將運動因素引入皮鞋的設計，跳躍的點綴色打破傳統皮鞋單調、沉悶的設計局限。專為不甘被刻板生活束縛的個性上班族度身打造。

(2)可與正裝與休閒裝搭配，體現出靜中有動，既莊重又不失活力的年輕人的個性。

3.戶外運動系列[commetcid]

專為喜愛戶外運動的人精心打造，其舒適的穿著感，使人自信而有活力，令你的雙腳隨時保持最佳狀態。產品問世以來，深受戶外運動愛好者的喜愛。

4.時尚運動系列[concept]

專為深得潮流精髓、熱切追求前衛的少男少女們精心打造。主要針對 20 歲以下人群。其色彩跳躍，線條流暢，可與時裝及休閒裝隨意搭配，是時尚簡明的宣言。

XX 產品系列展示：價格定位

XX 運動休閒產品採用多元化的價格定位，全面適應中國各類城市、地區間的收入差異。其價位分別為：運動型價格在 150～250 元之間，休閒型價格在 200～350 元之間，戶外型價格在 280～500 元之間。

銷售終端模式：

(1)銷售管道以 XX 專營店、百貨商場及少量運動產品集中的店中店構成。

(2)覆蓋全國一、二、三級城市，可延伸到縣城較完善的銷售

管道。

(3)二、三級城市以及縣城以中、低檔產品為主。

(4)一級城市以中、高檔產品為主。

銷售網路及核心策略簡介

(1)依靠歐洲領先的設計及製造能力，憑著嚴謹、科學、規範的市場操作，創 XX 全新概念產品。

(2)在頗具規模及潛力但缺乏真正中檔領導品牌的中國市場，積極打造領先優勢，努力成為中國休閒鞋第一品牌。

成功的模式

領先潮流的國際化產品＋優異的性能及合理的價格＋深具吸引力的品牌形象

XX 品牌發展展望

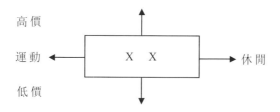

(1)鞏固並擴大生產休閒類產品的位置。

(2)向中低價位拓展。

(3)我們的目標：成為最優秀的運動休閒品牌，贏取更大的市場佔有率。

(4)讓我們攜手共創精彩未來的生活。

二、XX 品牌優勢分析

XX 品牌短短兩年就在市場取得了良好的表現，其競爭優勢

如下：

1.品牌優勢

現在體育用品行業存在著眾多的競爭者，市場是一種高競爭、低增長的狀態，產品同質化趨勢嚴重，而且銷售手法單一，品質又參差不齊，所以消費者在選擇商品時往往難以判斷誰優誰劣。這時，加盟一個有良好信譽品牌背景並能夠獲得消費者認同的企業，顯得尤為關鍵。

XX 品牌秉承歐洲人嚴謹、追求個性化、時尚化的設計基礎，歷經 40 餘年的市場歷練。

XX 產品已被多數歐洲人認為是最能代表英國人狂傲、禮貌的紳士運動鞋，屢獲歐洲設計大獎。

XX 所有產品的研發均出自歐洲名設計師的千錘百煉，其產品生產全部出自世界各大名牌鞋生產廠家，保證了產品性能的最優。

加入一個有高信譽的企業會產生強大的規模經濟效應。XX 品牌對於能提供相同服務的品牌來說更具有優勢。

所以，越來越多的準備投資運動休閒用品行業者在選擇品牌加盟時，把 XX 品牌列為首選的幾個目標來發展自己的事業。

2.成本優勢

XX 品牌採取全球供貨、全球銷售、集中配送等模式，大大降低了運營的費用；其價位對中國市場也全面適應。各加盟商在總部的統一配送下，提高了貨物裝載率，縮短了物流倉儲時間，也減少了加盟商在儲運設備上的投入，使得各加盟商能將庫存降低到最低限度，從而使成本相應降低。

加盟 XX 品牌的優勢還體現在大規模廣告宣傳和新產品更新的速度方面：

XX 是個具有高知名度和高美譽度品牌的連鎖企業，品牌與產品形象很容易貼近消費者；廣告宣傳由總部統一策劃，有利於降低廣告成本，顯然加盟 XX 品牌後，與公司分攤廣告費用要比自己單做廣告低得多。

總部開發一款新產品或推出一項新服務，馬上可以為眾多的加盟商所運用，從而大大縮短了產品銷售週期，而其他弱勢品牌的企業，往往沒有能力負擔這一費用。

3.服務優勢

在當今買方市場的環境下，一個資金有限而又缺乏經驗的投資者要獨自創建一份事業，是極其困難的。當然，國內眾多品牌也是如此：他們缺乏統一戰略規劃和嚴謹的市場運作方案，浮淺的企業文化是它們的最大弊病。然而當投資者加盟 XX 品牌時，這一切會迎刃而解：

我們擁有市場長期經驗；

我們已經形成標準化的經營模式和嚴謹科學的操作方案，這套經驗會幫助加盟商在最短的時間內，使資金及人員發揮最大的效益；

公司總部會為各級加盟商制定了嚴謹、科學的市場劃分；

公司會配屬相應的經專業培訓的、有經驗的銷售人員協助加盟商開拓市場；公司負責對各級分銷商的培訓(包含業務技能訓練、店面管理培訓、導購及進銷存管理)，策劃有效的市場拓展方案；

XX 是一個高品位、高附加值的品牌商品，我們將以產品差異化來領先競爭對手；

在某些情況下，總部還可以資金援助或融資的辦法來幫助加盟店與銀行建立關係。

通過這些措施，就是無行業經驗的人，也可直接入市操作，並確保利潤率。

4.管理優勢

XX 品牌特許經營和管理優勢集中體現在總部的培訓方案，店鋪的選址、設計、裝修，贏利分析，促銷活動及公關活動的推廣上。

總部將把從加盟商那裏收集來的市場訊息分析整理，及時對市場的各種環境進行翔實的市場調查，回饋有用的資訊給加盟商，使加盟商能夠及時採取應對措施。

對於營業虧損的加盟店，總部將派專人根據其財務報表實地研究分析，找到虧損原因，並提出切實可行的解決方法。

5.XX 品牌 2009 年行銷推廣計劃

競爭環境分析：運動休閒用品市場在不斷拓寬並存在巨大的潛力，這可以從 XX 的全國市場佔有率急劇擴張，各地銷售商頻頻報捷的情況得到證明。

運動鞋、體育用品市場擁有眾多品牌，競爭日益白熱化，市場處在高競爭、低增長的不良環境中，同質化的推廣模式(濫用形象代言人等)、缺乏產品支援、物流盲目性等，必將導致整個品牌(行業)的市場形象受到損害。

6.應對策略

(1)針對運動類別的產品：XX 在產品設計風格及品質上與其他品牌拉開了距離。

(2)針對休閒類別產品：在價格上取勝。

7.工作重點

(1)面對終端，強化物流管理。

(2)實現滾動開發。

(3)針對運動鞋過季產品迅速貶值的特點，及時處理庫存。

(4)制定有效的傳播方案，對產品銷售進行強有力的拉動。

(5)發展方向：純正戶外休閒鞋的路線。

(6)廣告語：GE7 WHAT YOU WANT。

(7)競爭優勢：相比世界級名牌 NIKE、ADIDAS、CAT、天美意，美麗寶等，XX 具有價格優勢；相比國內品牌李寧、安踏，以及其他區域性品牌，XX 具有品質優勢。

三、加盟 XX 品牌

做 XX 產品，我們不僅是銷售產品，更重要的是培育和提供一個深具吸引力的品牌形象來獲得消費者的認同和追隨，為消費者建立一種精神及審美價值的標準。

如閣下或貴公司有意加盟，我們將提供多方面的支援：提供強大、持續的全國媒體廣告宣傳。

免費提供售點全年的 POP 及單張廣告宣傳單、KT 板。

重點區域提供專賣店貨架、鞋架、鞋托、試鞋鏡、收銀台、戶外燈箱等專用道具；其他區域如達到公司入貨標準和裝修標準，公司也免費提供以上物品。免費提供裝修設計。

提供專賣店、店中店的系統管理培訓，包括人事培訓、銷售

技巧、陳列擺放技巧、導購技巧、進銷存管理等。

　　每年召開春夏、秋冬兩季大型經銷訂貨會，公司提供免費食宿和接送服務。不定期在有需要的區域發佈招商廣告進行招商，協助當地代理商發展客戶、開拓市場。

　　重點區域為代理商提供適當的媒體廣告支援。

　　代理商完成公司下達的銷售指標後，可根據所達成的銷售額等級獲得公司的銷售返利及其他獎金，當然還有年度的旅遊計劃。

　　適當信用額度更利於您的生意運轉。

　　相信您有敏銳的產業投資眼光、穩定的資金實力(代理商自備資金 50 萬元以上，加盟店自備資金 15 萬元以上)、一定的投資膽略、適當的行銷經驗(有品牌經銷或經營零售店鋪經驗)，以及敢為人先的決勝策略。

　　如果您希望進一步對經營 XX 產品所帶來的收益有更直觀的印象，請看附件，瞭解具體的投資分析。

　　任何想成為 XX 品牌大家庭的人員請致電垂詢：

電話：×××××　　　　　傳真：×××××

郵件：

官方網站：

四、XX 專賣店投資分析
市場分析
1.大眾體育市場

　　目前在中國內地，大眾體育的興起刺激了人們對體育用品的需求，各種品牌、型號的運動器材不斷湧現，特別是運動鞋、運

動服裝、運動配件等體育用品已成為青少年最喜愛的物品。目前，我國已形成了青少年體育用品市場，這一市場蘊藏著巨大的消費潛力。

2.戶外運動市場據統計資料，2001 年全球戶外用品的交易額高達 150 億美元，而國內則達 1.5 億元人民幣。由於市場越來越大，年增長幅度由前幾年的 10%左右，達到今年的 27.3%。

3.旅遊休閒市場

統計資料表明，當人均國民生產總值超過 800 美元時，旅遊業將會出現排浪式的發展。我國有些城市人均生產總值已經超過 800 美元，從國外旅遊業的發展

進程來看，這正是旅遊急劇膨脹的時期。如 2001 年，全國外出旅遊的人口比例佔 9.7%，即 1.2 億人，比上年增長 1.5%。因此，我國的旅遊業發展空間非常巨大。

4.市場現狀

這是一個充滿機會、不斷擴大的市場，而這一個市場竟然一直處於小作坊式、混亂無序的市場經營狀況。既無強勢的供應商家，又沒有強勢的品牌。消費者選擇單一，而且還有可能受到假冒偽劣產品的侵害。可以說，這是一個混亂而充滿機遇的市場。

XX 產品線及其發展方向

XX 是來自英國的著名運動品牌，旗下三大系列有運動鞋類、運動服裝、運動配件等產品。2003 年又推出了 XX 運動表系列，進一步完善了自己的產品線。XX 在完善了自己強勢運動品牌之後，正在迅速打造戶外休閒產品的航母。

XX 專賣店投資分析

1.贏利模式

有好的產品、好的市場,還要有好的合作者。如何讓加盟者賺錢,是我們首要考慮的問題。這裏我們對專賣店的贏利模式作一個簡單的分析。

零售:全國統一零售價,統一折扣供貨,利潤高達 40%～50%。

集團訂購:XX 產品最終客戶群體的定位是大學生及白領階層,而這個群體具有很強的購買力。

定期的促銷活動,幫助分銷商減小庫存、降低風險,確保加盟者穩定、豐厚的利潤回報。

針對 XX 定位的最終客戶群體的多路媒體的廣告支持,有效地幫助分銷商開拓市場,保持分銷(代理)區域廣闊的市場發展空間。

2.專櫃(店中店)投資預算與利潤分析(以中等城市為例)

專櫃(店中店):面積 15～20 平方米,即大型商場中的封閉式或敞開式鋪位。

⑴投資預算。

首期進貨額:50000 元。

裝修:6000 元。

其中:貨架:4500 元(3 個鞋架加 2 個中島,可擺放 45 個左右的樣板,可掛 35 件左右不同款的服裝。累計銷售回款滿 100000 元後,可向本公司申請退回貨架款)。

燈光、背景、人工:1500 元。

按合作 5 年計算，每月分攤裝修費用為 100 元。

營業人員薪資：600×1(人)＝600 元/月

運輸費、促銷費和其他費用＝500 元/月

月平均銷售額：30000 元(以平均每天銷售 5 雙鞋計算)。

商場扣點(一般為銷售額的 20%左右)＝30000×20%＝6000 元

(2)利潤分析。

毛利：30000×50%＝15000 元/月

純利：15000－6000(商扣)－100(分攤)－600(人工)－500(其他)
＝7800 元/月

(3)結論。

總投入：50000+6000＝56000 元(本公司按累計銷售回款總額
的 20%鋪貨)

每月純利潤：7800 元

投資回收週期為 7 個月左右。如果包括我公司按銷售回款的
返點，利潤更為可觀，投資回收週期更短，而且回收的投資中已
包括首期進貨額 50000 元。

3.專賣店投資預算及利潤分析專賣店：面積為 30～40 平方
米。

(1)投資預算。

首期進貨額：70000 元。裝修：1400 元。其中：貨架：7000
元(6～7 個鞋架加 2 個中島，可擺放 70 個左右樣板，可掛 50 件
左右不同款的服裝。累計銷售回款滿 100000 元後，可向本公司
申請退回貨架款)。

燈光、背景、人工：3000 元。

其他：4000 元(冷氣機、音箱等)。

按合作 5 年計算，每月分攤裝修費用為 233 元。

工商、稅收：600 元/月左右。

租金：80 元/米×40(平方米)＝3200 元/月

營業人員薪資：600×3(人)＝1800 元/月

水、電費用：400 元/月。

運輸費、促銷費和其他費用：800 元/月

(2)利潤分析。

月平均銷售額按 40000 元計。

毛利：40000×50％＝20000 元/月

純利：20000－3200(租金)－600(工商稅)－233(分攤)－1800(人工)－800(其他)－400(水電)＝12967 元/月

(3)結論。

總投入：70000＋14000＝84000 元(本公司按累計銷售回款總額的 20％鋪貨)投資回收週期為六個半月左右。如果包括我公司按銷售回款的返點，利潤更為可觀，投資回收週期更短，而且回收的投資中已包括首期進貨額 70000 元。

4.分析總結

以上資料是針對中等城市的經營費用項目所作的有關店中店(專櫃)和專賣店的投資預算分析，所列的相關資料可能並不具有代表性。各地經濟發展狀況、市場情況有所不同，加盟形式(專賣店或總代理)不同，加盟商可以根據我們的分析方法，結合自身商業環境的實際情況作預算分析。

大型城市一般首期進貨額可能要大一些，但月銷售額同樣要

大很多，效益會更好，投資回收週期也不會有大的誤差。同時，我們也會隨著市場的不斷變化給予加盟商及時而科學的系統支援，以保證投資回報。

我們建議有實力的商家以地區(包括省、市級)總代理的方式加盟，或者可以同時開兩個以上的××專賣店(專櫃)。這樣的好處是：可以最大限度地減小庫存，提高資金的利用率，同時還可以節約樣品資源以及運輸等費用，從而獲得更高的投資回報。

××專賣店開店要求

1.行業背景

正確的品牌經營理念——具有國內外品牌經營管理經驗。

豐富的零售管理經驗——具有多年零售管理及企業管理經驗。

2.地點的選擇

合理的店鋪位置——位於當地城市繁華商業街、校園區或體育品牌專賣街的黃金地段。

店鋪的面積要求：

標準店：店鋪營業面積不小於 30 平方米，並且按 XX 商店裝修標準進行裝修。

商場店中店必須位於商場中獨立的區域，營業面積不小於 20 平方米。

3.人員配備要求

包括：店長、促銷人員、收款員、進貨員等。

4.資金實力

經營者必須有相當的資金實力用於前期店鋪的租賃、裝修和

首批進貨。

XX 專賣店開店支持

1.店鋪裝修支持

公司提供諮詢和設計裝修方面的服務、店鋪主要材料、燈箱圖片目錄等。

您可以根據我們的目錄選擇燈箱圖片，但必須用指定的材質技術要求製作，才能達到我們的標準。

我們可以為您設計和製作燈箱類噴繪畫，但是您需要填寫申請支援表。

2.貨架的支持

您可以接洽業務代表，填寫貨架支持申請表。

3.開店促銷支持

促銷活動包括：禮品製作費用、POP 宣傳費用、軟性文章發佈費用等

XX 商店開張期間店方可申請促銷支持。

方案一：可由您提供促銷方案，我們審批，活動費用在預算中支出。

方案二：您可委託我們全權代理，費用在預算中支出。

4.媒體支持

媒體宣傳方式：大致分為軟性新聞(通過軟性的文章進行宣傳)、硬性廣告(在平面媒體上刊登公司指定的品牌廣告)、車體廣告(選擇當地經過繁華地區＝行車路線較長的公車或其他服務性車體)、戶外廣告(選擇繁華地區的建築物外發佈品牌廣告)、廣告配送(將宣傳物品與當地知名刊物共同配發)。

XX 商店開張期間店方可申請媒體支持。

方案一：可由您提交媒體計劃，我們審批，費用由雙方共同承擔(憑刊登簡報和費用發票報銷)。

方案二：您可委託我們全權代理(費用雙方承擔)。

方案三：可由您提出媒體支援意向，我們根據當地具體情況為其制定相應媒體計劃，店方實施(費用雙方承擔)。

5.廣告支持和行銷活動

針對 XX 品牌的定位，我們選擇在與體育運動相關的媒體上投放廣告，同時贊助與 XX 用戶群體相關的賽事或其他被廣泛關注的活動，並借此建立 XX 良好的品牌形象，擴大 XX 的品牌知名度和用戶群體的忠誠度。

6. 2002 年廣告支持及行銷活動回顧以在相關媒體上投放廣告的形式達成《體壇週報》，立足於 XX 品牌宣傳。《體育資源》雜誌，XX 產品介紹、精品展示等。

《世界體育博覽》雜誌，XX 產品介紹、精品展示等。《創新動力》DM 直投雜誌，XX 產品介紹、精品展示。

7. 2003 年廣告支持及行銷活動計劃

繼續贊助《南方電視台》參與組織的「2003 新絲路模特兒大賽」，本次大賽將同時在 5 省巡迴演出，預計關注的媒體更多，影響更大，更有利於 XX 的品牌傳播。

贊助 2003 年度「第十一屆『美在花城』廣告新星大賽」，賽事在南方幾省的影響力非常大，屆時南方台、翡翠台、本港台、鳳凰衛視、廣東衛視等媒體都會參與其中。

27 專賣店特許經營協議書

甲方：XX 有限公司(以下簡稱甲方)

乙方：(以下簡稱乙方)

「XX 專賣」店是 XX 有限公司主導建立的一個全國性的銷售技術領先、品質優良，並能為用戶提供完善服務的電腦部件及軟體、網路產品。

甲乙雙方友好協商，就甲乙特許乙方在指定的地點、指定的經營面積內經營甲方公司提供的系列產品，並使用「XX 專賣」店名稱對外經營達成協議如下：

1. 總則

(1)甲方授權乙方使用「XX 專賣」店名稱對外經營，但權限於乙方在下列(2)條所規定的位址使用，且不得另行轉讓他人使用。

(2)專賣店指定地址為：＿＿＿＿＿＿＿＿＿＿。

經營面積共：＿＿＿平方米，長＿＿＿米，寬＿＿＿米，高＿＿＿米。

(3)專賣店的裝修必須按甲方規定的標準進行，設計稿及費用支出必須由甲方審定，乙方組織實施。如乙方連續經營 6 個月以上，則由甲方全額承擔甲方審定的裝修費用。

(4)專賣店的銷售區域為＿＿＿＿＿＿，乙方不得在指定區域外銷售。

(5)專賣店內只能擺放、銷售甲方提供的產品和廣告宣傳資料。

(6)專賣店至少配備電話一部，接電話統一用語為「您好，XX 專賣」。

(7)專賣店店員服飾由甲方統一定制，費用由甲方承擔。乙方經營人員在經營期間必須按甲方要求穿著服裝及佩戴工牌。如乙方經營人員在工作時間內未按要求著裝，甲方將對乙方按規定進行處罰（具體辦法見「XX 專賣店獎懲辦法」）。

(8)甲方僅授權乙方使用「XX 專賣」店名稱對外經營，乙方必須合法經營，專賣店的一切債權債務及經濟法律由乙方承擔，與甲方無關。

2. 乙方的資質條件

加盟「XX 專賣」店連鎖網路經營，乙方必須具備一定的資質，主要條件有：

(1)必須是在當地正式註冊的獨立法人單位。

(2)必須有一定的經濟實力，能夠支付為經營「XX 專賣」店所必需的正常運作的流動資金。

(3)必須在適當的地點擁有或租有鋪面或櫃檯用以經營「XX 專賣」店，租期至少在一年以上並及時交納租金。

3. 專賣

(1)本專賣店所經營的產品必須是由甲方指定並由甲方提供的產品，甲方提供的產品必須符合國家有關部門制定的標準。

(2)專賣店將首先以銷售甲方提供的 XX 系列產品為先導，主要包括有 XX 品牌的 A 產品、B 產品、C 產品等。同時甲方將利用其在行業內的經驗和影響，團結國內外製造廠商，推出其他的領先市場的優質產品，並為客戶提供完善的售後服務，形成這些產品的全國

銷售服務網路。

4.專賣店的經營與管理

(1)專賣店的管理

① 專賣店日常管理由乙方負責，乙方必須按甲方要求如實填寫專賣店月銷售及庫存表、市場訊息回饋表等甲方要求的表格，並按時傳回甲方。

② 乙方的經營人員中必須至少有一名經過甲方培訓，成績合格。乙方必須保證所有員工能瞭解經營產品的性能、特點及價格等，達到甲方所提出的要求；甲方儘量為乙方員工提供必要的業務知識的培訓。

③ 甲方有權派出市場巡查員隨時到專賣店巡查。巡查內容包括：查問產品銷售價格、考核專賣店員工對產品的熟悉程度，考查乙方是否嚴格執行協議書所規定的條款。如果乙方在經營過程中違反國家及地方有關法律法規或違反甲方所簽訂之協議書中的條款，甲方有權對乙方提出警告、部份或全部扣除乙方的返利直至取消乙方經營 XX 專賣店的資格（具體辦法見「XX 專賣店獎懲辦法」）。

(2)專賣店的進貨

專賣店每次進貨由乙方向甲方下訂單(訂單格式見「XX 專賣店產品訂貨單（代合約）」)。甲方接到訂單後三個工作 E1 內確認是否能如單按期供貨。若能，則通知乙方付款到後三日內安排發貨；若不能，則書面通知乙方更改。若因甲方原因不能按時交貨，則每逾期一天，甲方應按該訂單金額 0.5‰付給乙方作為補償，直至交貨完畢或取消該訂單。

(3)專賣店的銷售

①專賣店中所有產品的銷售價格和最低批發價格均由甲方統一制定，乙方必須嚴格遵守。如有違反，甲方將對乙方按規定進行處罰(具體辦法見「XX 專賣店獎懲辦法」)。

②乙方可以直接銷售給用戶或批發商，分銷商不得在專賣店的指定銷售區域外再銷售，也不得低於甲方指定的銷售價格。如有違反，乙方必須立即制止，甲方也有權要求乙方中斷與該客戶的業務往來。同時，甲方將視乙方分銷商的違規為乙方違規，有權對乙方按規定進行處罰(具體辦法見「XX 專賣店獎懲辦法」)。

(4)專賣店的結算

①甲方提供乙方在專賣店銷售的產品均採用現金結算的方式，即甲乙雙方確認訂單後，乙方必須先將貨款全部支付甲方，甲方收到貨款後三天內安排發貨。

②甲方將以返利的形式獎勵乙方，具體每種產品的返利金額將在價格表中列明(具體辦法見「XX 專賣店產品價格表」)。

③乙方財務人員按時將當月有關報表送交至甲方，由甲方統計後將條款②中返利金額按規定兌現(具體辦法見「XX 專賣店獎懲辦法」)。

(5)價格保護

不論何種原因，當甲方決定調價時，將對乙方提供 30 天內購入的庫存商品予以價格保護。

補償金額＝一個月內進貨的庫存商品數量×

(原單價－現單價)

補償方式為在乙方下一次進貨時沖抵貨款。

當原單價低於現單價時，以原單價為準。

⑹產品的調換

為減輕乙方的負擔及壓力，甲方對乙方三個月內購進的電源產品允許調換，即：乙方在銷售過程中如果感到某種電源產品將有滯銷的壓力，可在進貨後三個月內填寫商品調換申請表(申請表格式見「XX專賣店商品調換申請表」)向甲方提出調換申請。只要需調換的產品包裝完好、未開封使用過，甲方將按乙方原進價(經價格保護的產品按保護後的價格)調換成等值其他產品給乙方，因調換產品而發生的運費由乙方承擔。

5.專賣店的風險保障

XX公司為保障廣大加盟商的利益，除了以上提過的裝修支持和退貨保障外，在同行中獨家推出「零風險經營計劃」，即專賣店經營首6個月內，如出現虧損，由XX公司全額承擔。但專賣店必須滿足以下條件：

⑴專賣店只能經營XX公司的產品。

⑵遵守XX公司的價格體系和其他有關制度。

⑶專賣店的財務對XX公司的彙報完全真實。

⑷代理商開設有專賣店，代理商需以專賣店的名義進貨。

6.專賣店的廣告宣傳

⑴甲方擁有XX專賣店及甲方所提供產品的廣告宣傳、促銷活動的策劃權和決定權，乙方必須五條件配合。

⑵專賣店的廣告宣傳、促銷活動分為全國性及地區性兩種。

①甲方將在全國性媒體(包括甲方網站及網上宣傳)上長期刊

登廣告(廣告上刊登各專賣店名址或電話),並適時舉辦全國
性的促銷活動。全國性媒體上刊登廣告的費用由甲方承擔。

② 在專賣店當地地方媒體(如當地商報)上刊登廣告由乙方提
出,稿件須經甲方批准,乙方承擔費用,甲方可視情況予以
適當補助。

③ 全國性促銷活動由甲方策劃、甲乙雙方配合實施,費用主要
由甲方承擔。但降價促銷,則須由甲乙雙方同意才能決定實
施,費用由甲乙雙方共同承擔(乙方承擔部份可由返利中扣
除)。

④ 乙方在認為必要時可自行出資舉辦地區性促銷活動,但方案
必須報甲方批准後方可實施,費用由乙方承擔,甲方可視情
況予以適當補助。

(3)乙方必須按甲方要求在店內張貼、懸掛及派發甲方提供的宣
傳畫、海報及其他張貼物、POP,產品也要按甲方的要求擺放整齊。

(4)若乙方未能達到甲方要求,甲方將酌情予以處罰(具體辦法
見「XX 專賣店獎懲辦法」)。

7. 專賣店的售後服務

(1)所有在本協定第二條中規定的產品,每個專賣店都必須無條
件為客戶提供售後服務。

(2)甲方將為專賣店提供一台電源測試儀,電源測試儀的所有權
屬於甲方,乙方須向甲方交付使用押金人民幣 300 元。

(3)當客戶持 XX 專賣店產品前來要求退換或維修時,不論該產
品是否在此專賣店購買的,專賣店的店員都必須熱情接待並及時處
理。

⑷店員拿到客戶欲退換或維修的 XX 專賣店產品後，乙方首先必須確認該產品是否由甲方所生產(即是否假冒)。若不是，則向客戶說明並拒收；若是，則先進行簡單測試，若確是不良品，則按該產品的維修承諾為客戶服務。

⑸當乙方確認產品有品質問題並已對客戶進行服務後，將該不良品並連同填妥的「XX 專賣店品質報告書」一起發回給甲方，甲方收到後對該產品進行再檢驗，若確認無品質問題或非甲方責任，則發還乙方處理；若確屬甲方責任則按該產品的維修承諾提供服務。

⑹乙方如有違反上述條款，甲方有權酌情予以處罰(具體辦法見「XX 專賣店獎懲辦法」)。

8. 專賣店的經營期限

專賣店的經營期限即等同本協議的有效期限。本協議自雙方簽字之日生效，以一年為限。如在過去一年內雙方合作愉快，且乙方無任何過失或損害甲方利益及名譽之行為情況下，乙方享有在當地優先續簽經營「XX 專賣店」的權利。

9. 專賣店的終止

⑴本協議到期即自動終止，則該專賣店也同時終止經營。

⑵在本協議有效期內，乙方如要終止經營，須提前 30 天書面通知甲方，並履行完本協議所規定的所有責任。

⑶不論何種原因導致專賣店終止，乙方在最後一個月內所進貨物中未開啟包裝、未使用過且包裝完好的部份均可按進價退還甲方。

⑷乙方如有嚴重侵害甲方權益的行為，甲方可以單方面終止本協議，即終止專賣店的經營。

10.法律效力

(1)本協議自雙方簽字蓋章之日生效，有效期一年。協定到期後，雙方可協商續簽或協議自動終止。

⑵本協議一式二份，雙方各執一份，未盡事宜，雙方協商解決。如協商不成，任何一方均可向任一方所在地法院起訴。

甲方：××有限公司　　　　乙方：

授權代表人簽字：　　　　　授權代表人簽字：

日期：　年　月　日　　　日期：　年　月　日

28 加盟經銷商的招商階段

　　經銷商要舉辦一次成功的招商會，需要做好精心的準備工作，有時需要一至兩個月甚至更長時間的精心籌劃，才能換來招商會的幾天中大量加盟商簽約的輝煌時刻。如果招商會準備不足，舉辦得太倉促，就無法保證作出週密而系統的策劃，策劃工作品質不高，招商會的效果也就難以保證。當然，策劃工作也不是越早越好，一般應由招商會規模的大小、招商會的內容、招商會的性質等因素來決定。

　　經銷商招商一般要經歷以下五個階段：

1. 招商會的策劃階段

在招商會的策劃階段，首先要明確招商的目標、盤整經銷商內

外部資源和做好招商的自我定位,然後組建招商團隊、進行市場的調查與研究、尋找招商的賣點、圈定目標客戶,在前期調研的基礎上最終確定招商會的主題並擬訂招商的方案。

2.招商會的運籌階段

招商會有了主題並且有了策劃方案,下一步的工作就應開始對招商會作全面的運籌了。需要做好招商會費用的預算,然後開始招攬招商會參會客戶,通過業務人員走訪、廣告等方式發佈招商資訊,與客戶取得聯繫並確認參會來賓。在運籌階段還要選定招商會場,確定來賓的餐飲住宿標準。在與客戶溝通的過程中還要特別注意溝通和接待的禮儀。

3.招商會的籌備階段

從籌備階段開始,進入了招商會的實質階段,各項工作開始緊鑼密鼓地進行。要明確會務日程安排、會務人員分工、會場佈置及會務準備、各項會議活動的彩排和工作流程的演練,另外還有一項十分重要的工作,就是培訓課程的安排。在許多成功的招商會上,一場培訓和研討課程成為招商會的重頭戲,而且經過培訓,招商會一般都會取得意想不到的效果。

4.招商會的運作階段

招商進入了運作實施階段,已經到了最關鍵的時刻,連突帶破,已經到了對方的球門前,臨門一腳成為關鍵。在招商會開始之前,讓我們先來明確一下在招商會上的工作重點,然後再開始我們的招商會,只要招商會按照計劃有條不紊地實施,各工作小組按照既定流程做好本職工作,業務的洽談和協議的簽署也會很順利地進行。

5. 招商會的促進階段

招商會結束了,可我們的招商工作還沒有結束。在安排好來賓的返程,會務組與酒店結算後,馬上作一個招商會的總結,盤整一下招商會的收穫,並做好招商會後期的宣傳工作,以全面提升招商團隊的士氣,再接再厲,不放過任何一個機會,繼續跟蹤意向客戶,儘快達成合作協定。

29 尋找你的招商會目標客戶

招商會是經銷商進行產品管道拓展的重要手段,隨著招商會的成功舉辦,產品便可以借助加盟商經銷管道而最終走向市場。然而,隨著鋪天蓋地的招商會的召開,招商會「一呼百應」的情景已不多見,經銷商和加盟商之間警惕的成分多了,信任的成分少了。現在,雖然有的招商會現場氣氛熱烈,到現場的人很多,經銷商對招商會的流程安排非常順暢,培訓課程、產品展示等環節環環相扣,每個環節都很到位,然而,當招商會結束時,最終簽訂加盟合約的客戶只有少數幾家。投入數十萬的費用,到頭來只看了一場熱鬧的趕集大戲,落了個竹籃打水一場空。如今的招商會為何總是風聲大雨點小,為什麼參會的人多而成交的少呢?

1. 確定適合自己的目標招商客戶群

經銷商招商要根據代理品牌的市場定位、產品特點、管道特點

來確定適合自己的加盟商目標群。經銷商要注重自身的長期發展，招募的加盟商要有運作市場的經營能力，並不是只要有錢就能夠成為自己的加盟商，不能僅僅把招商作為圈錢的一種手段。

招商是一個雙向選擇的機會，就如同談戀愛一樣，要求兩情相悅。如果把經銷商比作男方，那麼加盟商就是女方。男方要展示自己的實力和自己的擇偶標準，女方也要根據自身的條件看能否達到男方的要求，如果條件符合，那麼對雙方來說都是一件好事，如果條件不符，勉強地拼湊在一起，那麼對雙方來說都將是一種損失。如果加盟商選擇不當，在以後的市場經營中就會因為加盟商經營能力不足，經銷商又給不了加盟商過多的支持，導致合作的脫節，最終導致加盟商倒閉，從而影響市場的正常運作，損壞了代理品牌的形象，在加盟商中也產生了不良的影響。

加盟商倒下去了，看似只是加盟商的損失，對經銷商沒有影響，實則不然。一般而言，一個品牌進入一個地區所設的加盟商數量是有限的，加盟店的形象就代表了一個品牌的形象，加盟商失敗了，就代表經銷商在該地區市場的喪失。經銷商要想重新進入該市場就不那麼容易了，雖然有可能是因為加盟商的個人原因造成的，但是人們會對經銷商代理的品牌產生懷疑。消費者不用去辨別其中的真相，就會對該產品就會失去信心，經銷商想在這一區域再開發新的加盟商就很難了。因此，對經銷商而言，失去的不只是加盟商，而是一個區域市場。

經銷商在招商時，對於加盟商的選擇要有針對性，不要見蘑菇就採。雖然大家都希望自己籃子裏的蘑菇越多越好，但是，對於有毒的蘑菇一定要學會拒絕，否則，一開始可能是滿足了自己的慾

望，但最終受到傷害的還是自己。

2.認識你的加盟商

經銷商招募自己的加盟商，已經進入了精確招商的時代。許多品牌在前些年的招商中，往往是來者不拒，只要有人想加盟自己的品牌，不論他的自身條件如何，都予以滿足。在企業經歷了快速發展之後，卻面臨了品牌定位和品牌形象不統一的尷尬局面，致使企業停滯不前。經銷商也面臨著同樣的問題，進入精確招商時代，不再僅僅是加盟商選擇品牌，品牌的經銷商也要慎重選擇加盟商。經銷商應如何選擇自己的加盟商呢？

以服飾業為例。根據研究和分析，中國服飾業的終端加盟商分為五類，第一類是生存型，第二種類是愛好型，第三種類是跟隨型，第四類是投資型，第五類是繼承型。

在對這五類加盟商類型作出分析之前，如果你來選加盟商，你會首選那一種類型？你也許會選擇投資型，也許會選擇愛好型，還可能選擇生存型，選擇的結果各有不同。

首選的加盟商應該是那種類型呢？有兩個類型需要特別引起大家的注意，一類是投資型，另一類是愛好型，這兩類不能首選，選擇時切忌選它們。為什麼投資型和愛好型不能作為首選類型呢？

⑴投資型加盟商。投資型加盟商是企業招商過程中經常碰到的，這類加盟商曾經要麼是做房地產的，要麼是做水泥的，要麼是做鋼鐵的，資產都非常的雄厚，原來的生意不好做了，想拿出一部份錢來做別的生意；還有一類投資型的加盟商，是在政府機關、企事業單位上班，單位不錯，自己有十幾萬元甚至是幾十萬元存款在銀行裏面，於是他就想投資做點什麼讓別人管理，給自己帶來更多

的收益。

對於投資加盟商應當儘量少用，少用，再少用，因為投資者的心態都是一樣的，他自己就是一個投資商，投資商的所有想法非常簡單，他是想在最短的時間裏用最少的投資獲取最大的收益。

但是有的生意卻不像其他投資那麼簡單，需要做的是長線的投資。投資型加盟商在投資服裝店鋪的時候，由於他的短期投資獲利的心態，很容易跟加盟商產生衝突；存在的另一個問題是，他不會把自己的全部精力放在這家服裝品牌店鋪裏面。以我們多年來服務於企業和經銷商和加盟商培訓的經驗來講，投資型加盟商成功的概率不高。

⑵愛好型加盟商。愛好型加盟商往往發生於女性的加盟商或者是女裝品牌的加盟商。原因是，剛開始的時候，加盟商自己喜歡穿這個牌子的衣服，等到自己有了一定的資金實力後，就乾脆開一個這個品牌的服裝店。

愛好型加盟商有一個獨特的優勢，就是她非常地投入，對服裝非常有感覺，她能把這個生意做得很棒，她會把這家小店佈置得井井有條，非常到位。

但是這些愛好型加盟商都存在一個明顯問題，就是她的擴張能力不夠，小富既安的心態比較多。她們開服裝專賣店最重要的是找開店感覺，並且喜歡一個清新舒適氣氛，他們不會為一個店鋪日夜操勞。開個店月租金 6000 元，加盟商一個月能做到 5 萬元營業額，這樣就可以了。「別讓我開太多的店，太煩太累。」愛好型的加盟商就是如此，太容易滿足了。

所以對於愛好型的加盟商，不是不能用，而只能是適量來用。

如果自己的加盟商隊伍中愛好型偏多的話，市場的穩定性雖然很好，但是市場後續的爆發力不夠，愛好型加盟商很難使自己由小店變成大店，由單店到多店，因而不能支撐業績的持續發展。

(3)生存型加盟商。在這裏向你主推的是生存型加盟商。這個類型的加盟商完全是職業殺手，他就是靠開服裝店來維持生計，開店不僅是他生活的全部，也是他事業的全部。因此，他所有的注意力、所有的資金都放在服裝店上，他無時不在為自己的店鋪全力以赴地打拼。

生存型加盟商不僅僅只是對自己的店鋪負責，而且他也是你忠誠的合作夥伴，所以建議要著重考慮。

(4)跟隨型加盟商。跟隨型加盟商也是蠻重要的，例如在中國，一家服飾廠跟隨型的加盟商有一大部份是溫州人。中研顧問祝文欣說過：「選加盟商首選的核心種子選手最好有一兩個溫州人，你的公司如果缺行銷總監，就先請溫州人做幾年。當你培養了一個非常棒的行銷總監或者優秀的代理商，並且是溫州的加盟商的時候，這個人會給你帶來一大群人來做你的代理商，來做你的加盟商，你的生意會越來越好，你的企業也會迅速壯大。」溫州人現在做服裝生意能夠得到成功，除了因為他們勤勞勇敢、有膽識、有魄力之外，還有一個很重要的因素就是溫州人的人際關係網，溫州人大多數都在服裝圈子裏，手一揮就會有一大批人聚集過來。只要你在行銷團隊首選的種子選手裏面選到的是溫州人，只要這一季你讓他賺到大錢，他下一季會帶一群人來，他的親戚朋友都會來做，他就會讓你也賺到大錢。

曾經有一個企業，一年的營業額有幾個億，企業營業報表的

2/3 是被潮州幫控制著，就是因為他們當年第一個龍頭的加盟商是潮州人，由他一個人開始，等他做好以後，現在他們公司核心優秀的代理商、加盟商全部都是潮州人。

跟隨型的加盟商也是要重點推薦的，雖然這種類型的加盟商並非局限在溫州人裏面，但也不是普遍存在，因此，能夠招到跟隨型的加盟商也並不是一件容易的事。

⑸繼承型加盟商。對於繼承型的加盟商，我們的建議是中性的，沒有特別好壞之說。對繼承型加盟商要仔細識別，注意他要往那個方向發展。如果有些繼承型加盟商的服裝店鋪還是他生存的依靠，他就可能發展成為生存型加盟商；有些繼承型加盟商天生愛做服裝，他就有可能成為愛好型加盟商；而另外一些繼承型加盟商，自己已經擁有了屬於自己的一份事業，那麼這部份加盟商則很可能成為投資型加盟商。

加盟商分為投資型、愛好型、生存型、跟隨型和繼承型五種類型，注意這五種類型在選拔時的注意事項。在此再次提醒各位：對於投資型加盟商，不要只看到他有錢，商鋪都是他自己的，以前還是做地產的，而往往以後產生問題的就可能出自這些人，因為他無法理解你為什麼要這樣做，跟你的觀念不吻合，自然你們之間就會產生矛盾。

3.制定出加盟商的選擇標準

加盟商並非越大越好，通常的情況是：產品在大加盟商那裏不能引起足夠的重視，而那些具有發展潛能的中小加盟商，你能為他提供的不僅僅是利潤，更是美好的發展前景。所以，對於招商，要有一個正確的指導思想，要根據經銷商的實際情況，確定加盟商的

遴選標準，通過有效的方式考察加盟商，然後再選擇適合的加盟商，切不可操之過急，匆匆忙忙定奪，那樣，等到造成了巨大損失時就悔之不及了。

要建立一個良好的加盟商體系，首先必須根據企業自身狀況和需要招商的產品的特點，制定加盟商選擇標準，確定人選加盟商必須具備的條件。

選擇加盟商時，一般應考慮如下幾個方面：

⑴對品牌的理解和認知度。選擇你的加盟商最好是做過品牌零售專賣店的，這一點非常重要。

⑵加盟商的資金實力。經銷商傾向於選擇資金雄厚、財務狀況良好的加盟商。因為這樣的加盟商能保證及時回款，還可能在財務上向加盟商提供一些幫助，如分擔一些銷售費用、提供部份預付款或者直接向下游分銷商提供某些資金融通，從而有助於擴大產品銷路；反之，加盟商財務狀況不佳，則會拖欠貨款。

資金實力是選擇區域加盟商的重要條件。加盟商資金充足，才能有更多的資金投入到市場運作中去。同時，充足的資金也可以提高企業與加盟商共同抵抗市場風險的能力。

⑶市場的覆蓋範圍。市場是選擇加盟商關鍵的因素。首先要考慮所選加盟商的經營範圍所包括的地區與產品的銷售地區是否一致。例如，產品在華北地區銷售，加盟商的經營範圍就必須包括這個地區。

但加盟商並非越大越好，這裏有一個適度和加盟商能力的問題。通常情況是，產品在大加盟商那裏不能引起足夠的重視；而那些具有發展潛能的中小加盟商，深知你為他提供的不僅僅是利潤，

更是美好的發展前景。選擇和培養這類加盟商是明智之舉，因為這些人常常是你真正的合作夥伴。

⑷良好的市場經驗。許多企業在選擇加盟商時，往往會考察加盟商的一貫表現和贏利記錄。若加盟商以往經營狀況不佳，則將其納入行銷管道的風險較大。而經營某種商品的歷史成功經驗，是加盟商自身優勢的另一個來源。首先，如加盟商長期從事某種商品的經營，通常會積累比較豐富的專業知識和經驗，他的生意就可以很快上手，可以減輕你輔導的壓力，自然你也會很快從他那裏得到收益。例如，加盟商以前是做化妝品的，現在加盟你的品牌繼續做化妝品，他上手就會非常快。在行情變動時，他能夠掌握經營主動權，保持銷售穩定或乘機擴大銷售量。此外，經營歷史較長的加盟商，擁有較多的管道和顧客資源，會更快地將產品分銷出去。

⑸經營管理的規範性。加盟商如果沒有一套規範的管理體系，他未來的發展就值得懷疑。一套規範的管理流程對加盟商十分重要：用人是否規範、進貨分銷是否合理、陳列搭配是否有自己的主張，資金管理、資訊系統建設都能反映出加盟商管理的規範性。競爭時代，經營只有規範，才能謀求發展。

⑹加盟商的店鋪。加盟商要重點考核的是加盟商店鋪、店鋪的位置、店鋪的規模、店鋪的形象。因為決勝終端情況下，店鋪非常重要，一些好的店鋪有錢也拿不到，所以要看看加盟商的店鋪規模大不大，形象好不好，是不是適合你的品牌。

⑺良好的聲譽和公眾形象。在目前市場遊戲規則不甚完善的情況下，加盟商的信譽顯得尤其重要。它不僅直接影響回款情況，還直接關係到市場的網路支援。一旦加盟商中途有變，企業就會欲進

無力,欲退不能,不得不放棄已開發起來的市場;而重新開發市場,則往往需要付出雙倍的代價。多數企業通常都會回避與在當地沒有良好聲譽的加盟商建立關係。所以有的經銷商說,加盟商的經驗和財務能力通常可以退而求其次,但是這些加盟商是否誠信則關係重大。

(8)加盟商的發展思想。加盟商要有「零售為王」的思路,這非常重要。讓加盟商談談他對零售怎麼看,他是不是認為自己終端的位置非常重要,是不是認識到自己在整個系統中所處的位置。

有了加盟商的選擇標準,經銷商需要與加盟商交流,對加盟商進行考察,並且讓加盟商談他們對這些問題的看法,他們的看法都談完了,相信你就基本上得出了考核結果,這位朋友值不值得代理加盟你的品牌。

心得欄 _____

_____

_____

_____

_____

_____

30 招商方案的常見問題對策

招商會常會出現如下幾個問題，值得經銷商朋友們在制訂招商方案時引起足夠的重視，以避免招商會上類似問題的發生。

1. 所邀參會的加盟商的識別調查、資訊跟蹤、會前溝通未到位，對所來加盟商的人數、品質、類別、分佈、心態及所關心的問題和疑慮心中無數。

2. 會議的內容結構、流程設計不合理，演講者的綜合素質不夠。有關公司的產品、行銷模式、政策的演講介紹缺乏策劃及針對性，索然無味，未能激發加盟商濃烈的興趣。會議開完，加盟商的疑慮不僅沒有消除反而顧慮增加。

3. 對加盟商的顧慮、疑問準備不足，常被加盟商問的卡殼，或不能自圓其說。

4. 缺乏對會議整體組織的駕馭能力，缺乏對參會加盟商有意識的管理引導，致使個別心態偏激的加盟商反而操縱了會場氣氛，造成會議整體被動局面。

如果出現了以上幾種情況，簽約效果就可想而知了，那樣，即使前面工作組織得再細緻，招商工作結果都是很難樂觀了。有些招商會因會議組織太過粗糙、不專業，結果均不理想。

招商會怎麼組織呢？招商會的關鍵是要深刻理解加盟商的心理狀態和利益點。從而使會議的內容、程序及組織有針對性。一般

的加盟商只要來參會，會抱著想抓住機會賺錢發展的心理，而能夠激發加盟商興趣的則是以下四個方面：

· 產品是否有前景，對消費者是否有吸引力。

· 利潤空間是否夠，是否有錢可賺。

· 推廣支持是否週密可行，支持力度是否大，能否到位。

· 企業是否有實力、信譽、承諾能否兌現(包括支持、協銷承諾及加盟商風險控制承諾等)，同時，這些問題又成為加盟商的疑慮。

加盟商的簽約與否，實際就是代理商能否最終利用招商工作及招商會議最終贏得加盟商的信任。因此，招商會議的直接目的應使參加招商會的加盟商達到五個信任，即：

1. 信企業。

使加盟商瞭解、確信企業是有實力、講信譽的，有能力、有戰略、有遠見的。如何讓加盟商信任我們的企業，光靠企業說是遠遠不夠的，要有有說服力的招商工具，如企業所獲得的榮譽、媒體對於企業的報導等。還有企業要做好長遠的規劃，對企業的前景作一個描繪，樹立一種長久發展的企業形象。

讓加盟商感覺到這是一個很有發展潛力的企業，與這樣的企業合作，是有前途的。

2. 信產品。

產品的賣點獨特、定位準確、品質可靠，是有市場前景的產品。

3. 信模式。

企業的行銷模式先進而又實效、管理規範，可操作性強。企業在招商過程中，僅靠一則招商廣告和業務人員的遊說是遠遠不夠

的,我們要讓加盟商看到實際的東西。這就需要企業要麼有切實可行的方案,要麼建立樣板店,對於樣板店企業要做好嚴格管理,從店面的建設到導購員的培訓都必須要做到規範化,要使樣板店成為形象店。同時為加盟商建立一種可操作的簡單的經營模式,從店面的裝修、產品的擺放、導購員的培訓、經營管理、促銷推廣等形成一種模式。這種模式簡單、易操作,只要加盟商照這種模式運作,就可以有一個很好的收益。通常,加盟商所擔心的不是投資額太高,而是進貨以後如何才能銷售出去。經銷模式可以讓加盟商感覺到,企業不是讓加盟商自己去銷售,而是企業在幫他們一起銷售,讓加盟商消除後顧之憂。

4.信利潤。

有錢可賺,利潤空間大。在招商過程中還應該讓已經合作的優秀加盟商現身說法,講述自己與企業合作的經歷和經營的業績,用具體的數字來說明產品給自己帶來的利益。事實勝於雄辯,通過現有加盟商的講解,可以打消加盟商對產品的疑慮,別人做著行,那麼自己做也一定行。

5.信合約。

合約嚴密、責權利明確,有絕對的約束性和保障性,不會簽而無效。

「五信」是品牌經銷商的承諾得到積極回應的基礎,達到了「五信」,那麼招商工作的總目標即簽約合作就進入坦途了。總而言之,經銷商的招商要有針對性、方法性,不能盲目地夢想一網打盡滿河魚。選擇適合自己的加盟商,誠心誠意地去合作,只有這樣才能實現良性循環,保證後期的招商工作能夠有序進行。企業無論採取什

麼樣的手段，招商的最終目的不在於圈錢，而是要服務於產品的銷售。

31 招商會會務籌備

1. 會務日程安排

在招商會的運籌期，我們確認了招商會開始時間，並根據招商策劃的方案確定了會議的期間，但我們前期確定的日程只是一個大概的時間，沒有一個會務的時間安排。在這個階段，我們要確定具體的會務的時間安排，會務組、來賓、主持人都依據這個日程安排來做，就會使整個招商會顯得井井有條。表 31-1 是我們組織的一次大型招商會的會務日程安排。

表 31-1　會務日程安排

日期＼項目	時間	內容	負責人	地點
7月26日	下午	會場佈置（所有資料準備到位）	會務組	假日酒店
7月27日	14：00～18：00	簽到、安排住宿、領取會務資料	會務組	假日酒店（一樓大廳）
	18：00～20：00	歡迎晚宴	會務組	假日酒店（宴會廳）
7月28日	7：10～8：10	早上叫醒服務、早餐	酒店客戶部會務組	假日酒店（西餐廳）
	8：15～8：45	簽到	會務組	假日酒店（會議廳）
	8：45～9：45	1.開幕儀式主持人宣佈活動開始 2.致辭，主持人介紹嘉賓（協會嘉賓、媒體）；集團公司銷售總監致辭；宣佈公司整體戰略、發展目標等 3.經銷商致辭介紹產品特色、產品政策等；經銷商團隊亮相 4.頒獎儀式主持人宣佈獲獎加盟商；對獲獎加盟商頒獎；獲獎加盟商訪談分享	會務組	假日酒店（會議廳）
	9：45～9：55	交流休息（投影儀及會務用品調試）；引導嘉賓、媒體進入新聞發佈室	會務組	假日酒店（會議廳）

7月28日	9：55～10：50	主持人介紹培訓顧問及培訓內容；品牌網路的開發與管理	培訓顧問	假日酒店（會議廳）
		新聞發佈會主持人宣佈開始；新聞記者提問；新聞記者專訪（總裁、公司總經理、行銷總監、經銷商等）	會務組	假日酒店（新聞廳）
	10：50～11：00	交流休息	會務組	假日酒店（會議廳）
	11：00～12：00	品牌網路的開發與管理	培訓顧問	
	12：00～12：20	合影留念	會務組	假日酒店
	12：20～13：30	自助午餐休息	會務組	假日酒店（西餐廳）
	13：30～15：00	品牌網路的開發與管理	培訓顧問	假日酒店（會議廳）
	15：00～15：15	交流休息	會務組	
	15：15～16：15	品牌網路的開發與管理	培訓顧問	
	16：30～17：30	品牌網路的開發與管理研討沙龍	培訓顧問	

續表

	17：30～ 18：00	交流休息	會務組	
	18：00～ 19：00	晚餐	會務組	假日酒店 （宴會廳）
7月28日	19：00～ 20：00	《與您共同成長》晚會開始；主持人宣佈晚會開始並介紹嘉賓；模特走秀；穿插表演節目(2～3個)；邀請加盟商代表共同參與；節目中穿插小遊戲或抽獎活動；當日培訓答題(設一、二、三等獎品，獎品為專業VCD教程和書籍)	會務組	假日酒店 （演出廳）
	20：00～ 24：00	招商談判	業務組	假日酒店 （1818室）
7月29日	8：00～ 9：00	早餐	會務組	假日酒店 （西餐廳）
	9：00～ 12：00	看貨、招商談判	業務組	假日酒店 （會議廳）
	12：00～ 13：30	自助午餐休息	會務組	假日酒店 （西餐廳）
	13：30～ 16：00	確認定量並下訂單	業務組	假日酒店 （會議廳）
	16：00～ 20：00	返程安排	會務組	

2.人員分組與協調

在比較大型的招商會上,工作交叉的地方很多,因而分工很重要。很多企業都在說分工協作的問題,但是當招商會出現失誤之後,在總結分析的時候,看到的都是具體的操作問題。其實會議的總指揮至關重要,重要就體現在分工的科學把控和過程的查漏補缺,而不僅是「指揮」。

在會議前期,總指揮是教練員,教大家如何排兵佈陣;在會議期間,總指揮就是救火隊員,把一個個險情撲滅。在會議的進行中,戰術的安排和貫徹落實的程度以及切實的變化決定了會議的直接結果,所以每一個部門的分工就是場前戰術的意圖體現。

(1)招商會的分工

①總決策:一般由經銷商負責人擔任,主要是會議前期的組織、後期服務、總協調和業務的談判。

②統籌:這個崗位是最重要的,是執行總指揮,負責細節的安排和處理,同時注重會議議程和時間安排、市場業務處理。要求心態平和,熟悉各個加盟商的情況。負責會議接待、登記、會議資料的發放、各個住宿房間的安排及會場的整理、各個成員的分組、突發事件的處理和協調。用餐協調、與酒店的事務性安排、參會人員的往返接送等。

③會務組:會場秩序的調節、攝影、攝像、講課進程的安排、會場現場的業務處理、會場氣氛的營造;票務安排、會議各種費用結算、支付等。

④業務組:這個組責任最大。組長一般由經銷商負責人擔任,成員是熟悉市場和具有談判能力的人,負責參會人員的名單整理、

分組、就餐安排、合約資料、與會人員的事務協調、意向加盟商的溝通促進、配合會務組進行業務安排等。

(2)分組的原則

分工和協調次序清晰。首先是分工，完成自己分內的工作任務，其次是配合其他組的需要，千萬不可發生自己的活沒有於完，卻忙著去幹不屬於自己的工作，結果出現了既沒有耕好別人的責任田，也沒有種好自己家的自留地。在自己本職工作做完或不忙的情況下應主動配合別的部門工作。

招商會小組分工明細如表 31-2 所示。經銷商在招商時可以直接參照此表對工作進行分工，並根據招商實際情況對內容進行修改，即可完成分工的實際操作。

各崗位分工固定但所設人員可以穿插調整，儘量做到人人有事做，事事有人做。儘量做到包乾到人，科學分配，避免一件事幾次換人等重覆用工現象，如業務組在會議期間可協助會務組工作。

心得欄 ------------------------------

表 31-2 招商會小組分工表

負責人	相關內容	完成期限	成員
總決策	· 確定活動時間、地點、所有費用 · 邀請資料設計審核 · 會務內容審核 · 場地佈置、員工/嘉賓名卡設計審核 · 成功加盟商發言安排審核 · 企業文化和發展史或企業介紹內容及幻燈片或VCD審核		
統籌	· 活動時間確定 · 小組人員分工、行程安排聯繫 · 酒店場地落實、總體費用預算 · 小組成員準備工作進度控制、信息溝通、費用控制 · 跟酒店落實用餐安排、申請費用 · 會議現場流程控制、費用分配		
行銷策劃:品牌商、業務組	· 行銷效果(用數字量化)、目標市場鎖定 · 針對業務員進行培訓溝通:公司及品牌介紹、已有網路、常見問題的答問、目標城市介紹、路線安排、日程安排、媒體投放計劃、人員分配(明確區域、目標人數、責任到人)		
客戶邀請:業務組	· 目標客戶拜訪、業務員拜訪匯總 · 確認到會人員 · 提供到會人員名單、住宿需求		
加盟商確定、邀請:業務組	· 加盟商的確定 · 加盟商銷售分析表等材料的準備 · 加盟商的接待及預演 · 樣板店參觀通知/現場控制		
樣品展示:品牌商	· 樣品展示策劃及執行:解說詞、陳列、音樂等 · 確定並預演時間、所需要燈光、音樂安排		

宣傳資料的設計和製作：品牌商、業務組	· 公司網站更新培訓信息 · 邀請物料設計/製作/印刷完成 · 培訓會現場拓展所需要物料(招商手冊、公司畫冊、意向申請表等)準備 · 硬廣告設計製作		
宣傳資料的設計和製作：品牌商、業務組	· 會場的佈置設計、製作、完成 · 現場工作人員、嘉賓胸牌製作 · 公司板房的陳列 · 旗艦店的陳列 · 企業文化和發展史或企業介紹內容及幻燈片或PPT製作		
廣告、主持人邀請：業務組	· 軟性/硬性廣告方案(預算) · 廣告位置購買並將稿件需求通知市場部 · 軟性廣告撰寫、刊登 · 硬性廣告刊登 · 主持人邀請及落實		
現場電氣管理配合：會務組	· 投影、音響設備準備及調試 · 協助拓展部、研發部進行預演及演出燈光音樂操控		
會務：會務組	· 落實用餐人數，提供統籌 · 提供工作人員名單 · 提供到會人員招待(培訓師、客戶、主持人、加盟商)安排 · 收集各成員用車、用餐需求，提供招商會期間後勤工作時間表(著裝要求，車、餐、報銷標準等) · 會議現場簽到準備(簽到本、紀念品)、現場接待及資料派發(培訓師、客戶、主持人、加盟商)		

32 加盟招商會全程操作實案

因為前期準備工作到位，也因為媒體宣傳與業務員的作用，到招商會召開的這天，前來參會的人員可能會多得出乎我們的意料，看著魚貫而入走進會場的客戶，大家都露出了欣慰的笑容，這也算是對我們前期工作的肯定吧！雖然喜悅是喜悅，但我們還不能放鬆而陶醉，因為吸引客戶是招商會工作成功的第一步，在他們來了之後如何進一步瞭解企業、產品、品牌，進而加盟，這才是關鍵。

招商會的當天人特別多，怎麼接待客戶特別重要，對待接待問題一定不要亂。要保持招商會現場的秩序井然，首先必須要有一個統領，也就是我們在招商籌備階段作出分工統籌的工作，由統籌一手掌控現場的秩序，安排一定要井然有序，各個環節的控制非常重要。

招商會會場所在酒店的佈置，從一進酒店大門的橫幅、彩帶、氣球，到酒店內部一系列視覺上的裝飾，一定要到位。這些準備完畢之後，接下來就是招商會整個活動的過程控制。過程控制是非常有講究的：第一，建議整個招商會活動安排在一天的時間內，招商會活動的安排要緊湊；第二，招商會的主持人建議請當地比較有名氣的人，由節目主持人來主持這次招商會議。由專業的主持人來主持效果會有很大的不同，你會發現台下的客戶跟你的心態不一樣，好多客戶來自縣級市，他們自然會覺得很新奇。

主持人確定之後，就要安排一下整個招商活動的進程。招商會的第一天上午的開幕活動，基本上控制在一個半小時到兩個小時。在會議上，一般要由企業行銷總監或經銷商介紹企業概況、品牌概念、產品特色、推廣策略等介紹給加盟商來增加加盟商的信心；經銷商團隊的集體亮相，以顯示經銷商公司化運作的實力；對有突出貢獻的老加盟商頒獎，老加盟商也會將自己的親身經歷，對產品的期望和信心介紹給其他來賓，以現身說法來打動目標客戶。

之後便是培訓課程的開始，培訓課程一方面是給加盟商傳授經營管理知識，另一方面要更加全面地介紹招商的加盟政策，更有效地加強目標客戶加盟的決心。由於整個會議的議程比較多，對會場現場的管理要求就比較高，需要主持人和會務組工作人員的默契配合。

1. 會議入場準備

在招商會正式開始前的半個小時，會場的佈置工作就應該準備完畢。再次檢查燈光、音響、投影儀、話筒、筆記本電腦等物品，並調試到位。一切就緒後，可以播放品牌公司企業文化、發展史或企業宣傳內容的幻燈片或 VCD，要循環播放，一來讓來賓感受到公司的實力，也使早到的來賓不覺得等待的乏味。

來賓入場可以隨意就座，也可以區分新老加盟商分別就座。可以在來賓登記時區分加盟商的類別，並給他們不同顏色的胸牌，這樣，在引導他們進入會場的時候就可以安排他們不同的位置。我們可以把重點目標客戶安排在前排，以顯示出對他們的重視，增強他們的信心。

會議臨近開始，由會務人員要求所有在場人員手機關機或切換

至振動狀態，會議期間禁止所有人員隨意走動、大聲喧嘩。千萬不要小看這兩點紀律，試想一下：會議期間，當介紹企業今年的運作思路時，下面不停地有人走動、接聽電話、大聲說笑，不僅自己沒有聽，其他加盟商在其干擾下可能什麼也聽不見，很可能造成許多加盟商中途退場，因此會議管理一定要到位，引導加盟商思路，營造好氣氛，此為重中之重。在會議的進行中，如果會場上有人喧嘩或大聲接聽電話，主持人應用幽默的話提醒他，既不讓來賓覺得尷尬，又提示了其他來賓自覺遵守紀律。

會議一般情況下應準時開始，如果來賓還沒有到齊或有重要嘉賓沒有到，需要等待少許時間的，應及時通知與會來賓，避免給來賓留下不守時、不守信的印象。這時要採取措施，催促未到場來賓及時入場；另外，要在會場循環播放品牌公司宣傳片，一來使客戶加深印象，二來是現場有一個良好的現場氣氛，不使現場的等待顯得枯燥乏味。

2. 企業總經理致詞

招商會正式開始後，主持人可以先作一個大概的介紹，把公司情況、近期的主要舉動、會議的主要流程加以介紹，然後正式進入會議的第一項內容。首先，由品牌公司行銷總監代表公司致辭，介紹公司的未來發展方向，今年有那些新的政策或做了那些大的動作都可以在這裏宣佈，並且可以談一些細節的東西，例如今年在各種媒體投放了多少廣告，請了那位明星作為形象代言人，對加盟商有什麼樣的支持，有一系列的活動，請了顧問公司等各種利好消息。因為招商會上既有老加盟商又有新的加盟商，透過這個招商活動，一方面要給老加盟商帶來信心，另一方面要吸引更多的新加盟商。

下面是企業總經理演講稿示例。

尊敬的加盟商、媒體的朋友們：

你們好！

感謝大家來參加這次研討會。首先感謝著名歌星××成為我們××品牌的代言人。同時也希望借助這次研討會的東風，社會各界媒體與我們攜手一起把××品牌打造成國際品牌。

女裝市場雖然品牌林立，但是大家能說得上名的只不過幾家。這說明在女裝市場上還有很大的發展空間。我們根據行業前景、市場需求、國內外的流行趨勢，開發的××女裝品牌，一切從市場著眼，以消費者為導向，緊隨時尚潮流，運用科學有效的開發流程，充分運用市場、開發、生產為一體的協調機制，達到信息廣、反應快、開發準、生產優、供貨快、銷售旺的多元化協同戰略，不斷創新國際化設計理念，確保在女裝市場時尚潮流的引領地位。我們引入國際服裝經營理念，營造國際化的時尚氣氛，注重國際和國內時尚的完美對接，強調自主品牌，自主創新。由香港、上海、日本三地的優秀首席設計師主持開發設計，每一年公司都要組織三地設計師和特聘歐美設計師進行零距離的研討，確定年度的面料、設計款式、風格、流行主題風尚，以期在時裝化、休閒化、國際化的設計中具備科技含量高、檔次品位高、文化蘊涵高的先導因素。

我們具備強大的加盟優勢，能為合作夥伴提供強大的後備支

持。例如在品牌上，我們擁有獨立知識產權、良好的口碑，加盟商可以直接使用××知名品牌商標。在產品研發上，我們擁有強大的研究和設計隊伍，保證了產品品質處於領先地位。我們採取了靈活的加盟方式，例如合作經營、連鎖經營等多種靈活的經營方式。這樣可以讓加盟商可以根據自身的實際情況，靈活選擇，使資源得到最優化配置。我們還保證獨家經營，對假冒產品給予嚴厲打擊，確保加盟商的利益。而且我們具備價格優勢，值得我們和加盟商結成長期的戰略合作夥伴關係。

　　××女裝品牌理念是「像××一樣生活」，××的使命就是為懂得生活的人，創造更加非凡的生活主題。我們相信，××的明天會更好！

　　再次感謝大家的光臨！

　　謝謝諸位！

3. 經銷商發言及團隊亮相

　　會議的第二項內容，是要推出當地的省級經銷商，也就是當地的省級經銷商，在招商會上一定要把經銷商烘托出來。這時候你一定要發言，因為整個省的加盟商都是由你來操縱管轄的，你要表達你今年的計劃和想法，你有些什麼樣的計劃想法能推動整個省的市場拓展，向大家作一個全面的介紹。如果自己的經銷商隊伍已經實現了公司化運作了，手下已經有十幾或二十幾個人的時候，建議員工統一著裝，一起上台亮相，讓大家認識一下，這是非常重要的。

　　銷售部的同事可以上來跟大家見面，主持人要不失時機地對部門人員進行採訪，以增添現場的活躍氣氛，也有助於客戶對經銷商

團隊的瞭解；然後，可以有請物流中心的同事、財務部的同事等，一排排的人員上來，這種氣勢表現出經銷商公司的專業化。如果人員沒有那麼多，你可以讓全體人員一起登台亮相。這不僅給老加盟商以信心，給新加盟商的加入也增添了信心。簡短的亮相之後，非常重要的是能有一個員工代表發言，或主持人的現場採訪發揮。

　　以下是經銷商發言稿示例。

各位來賓、各位朋友：

　　大家好！

　　首先，非常感謝各位能在百忙之中抽出時間來參加我們的招商會。經××集團公司授權，由我負責××產品市場銷售，希望能與大家一起開拓市場，共圖發展大業。我們大家都共同關注的一個問題就是××的產品及優點。××女裝與同類產品相比，有著非常顯著的優勢：設計新穎，品位高雅，有強勢的廣告支持、統一的賣場策略、優厚的加盟條件，吸引著各地有實力的精英加盟。

　　加盟××品牌，是因為我們熟悉××集團的實力，有著強大的科研隊伍、科學的管理。在產品的賣場，集團公司派駐人員進行調研、監督，並根據市場和消費者的需求及時地把信息回饋到公司總部，總部再根據回饋的意見作出相應的調整，從而滿足我們和消費者的需求。集團公司在建立行銷機構的同時，還建立了完善的物流流通體系，保證了賣場貨源充足，也降低了賣場因庫

存不足而帶來的經營風險；另外，對專賣店、加盟店的選址、店面設計、廣告推廣、人員培訓等，公司都給予大力支持，以保證我們投資利益最大化，在保證區域獨家經營的同時，對不合格產品實行 100%退換，保障無風險投資，也為我們的加盟免除了一切後顧之憂。

賣場建設離不開廣告的宣傳支持，××在央視、省市衛視等強勢媒體的宣傳，平面廣告及戶外品牌形象廣告的投放，企業畫冊、加盟手冊、進櫃手冊等形象手冊在專賣店的宣傳，無疑都給我們的加盟帶來了成功的保障，保證了加盟商利益。有好的賣場還不夠，還要有不懈的奮鬥才能保證贏利，這就請總公司放心，我們選擇了××品牌，我們就是××品牌家族的一員了，我們會為了××奮鬥到底的。任何事情的成功都不能離開艱苦的努力，××集團的實力奠定了我們行銷的信心，我們會按照××的品牌戰略，盡我們最大的努力去奮鬥的。

最後，祝××品牌招商研討會及××新產品訂貨會圓滿成功！

謝謝大家！

4. 加盟商頒獎儀式

招商會第三個重要環節是頒獎儀式。一般來說，一年一度的招商會議，應該對優秀的金牌加盟商給予表彰，對優秀的金牌店長給予表彰。這個過程的氣氛是非常熱烈的，讓獲獎嘉賓上台領獎，獎品的發放是一個非常喜慶的、積極的活動安排。頒獎儀式對老加盟商是一個鼓勵，對那些做得不好的加盟商也是一個鞭策，同時透過

獲獎加盟商的分享，會給更多的加盟商帶來信心。

頒獎活動結束之後，可以選擇兩到三位非常優秀的、有代表性的加盟商選手上台來分享他的成長經歷，這是核心中的核心。因為現身說法是最真實的而又最有說服力的。一定要讓他們非常自然地、原原本本地、真實地表達出自己的感受來，說起話來結結巴巴不要緊，越真實、越樸素越好，用方言也沒有問題。這些實實在在的東西，讓那些老加盟商或者想要加盟的加盟商都會心動。

榜樣的力量是巨大的。

在一次招商會上，安排了一個加盟商發言，這個加盟商非常激動，從來沒上台講過話，說話的時候非常緊張、結結巴巴的，「其實也很簡單，三年前一個偶然的機會，我認識了這個牌子，覺得這牌子還不錯，於是我加盟了這個品牌。三年前我開了一個 48 平方米的小店，越做越有感覺，到年底我一年營業下來賺了很多錢，於是我更加有信心了。第二年，我開了 108 平方米的店。現在我開了 180 平方米的大店，現在我一年營業額有 100 多萬元，總而言之，房子也買了，車子也買了，都是這牌子給我的，我非常感謝。我願意跟著這個品牌繼續前進，一邊學習，一邊進步，共同成長。在這裏我代表我的家人感謝公司，給我這麼好的一個機會。」

台下的人聽到這裏一個個都驚呆了。第二個加盟商上來了，又是不太會說話，一口方言，講得台下的來賓激動得不得了，但說的都是大實話。

這些都是榜樣的力量，非常有說服力。在招募加盟商的時候，要善於運用榜樣的力量。

接下來做的一件非常有意義的工作，就是讓銷售部經理把前面
發言的幾位加盟商這些年來的進貨數據做成投影文件，店鋪照片全
部用數碼相機拍下來，幫他們做一個收尾總結。因為這些加盟商不
善於表達，就可以把這些真實的數據和圖片讓銷售部經理跟大家分
享一下。

「剛才我們幾位優秀的加盟商跟大家分享了他們經營經
驗，大家來看看，這是李老闆三年前加盟我們第一家店鋪的照
片，這是第二家店，這是今年開的最大的店鋪——180平方米店
鋪。」

真實的東西是最有力量的，講到這裏，下面很多朋友已經非常
激動和感興趣了，因為這是最真實的，這也是非常關鍵的。

講到這裏，點到為止，活動到這裏結束。如果前面的會議內容
安排得沒有這麼多，不足以佔滿時間，接下來的時間就可以開始進
入下一個階段。

5. 現場研討培訓

接下來正式進入研討會的階段：在研討培訓正式開始之前，用
投影儀打出培訓顧問公司的宣傳片，對顧問公司和培訓顧問作一個
介紹。這樣氣勢一下就上來了，還有這樣好的顧問公司，這個顧問
公司輔導了這麼多的企業和代理商加盟商，這個品牌請了這樣的顧
問公司，一定很有實力，有這樣的顧問來輔導，前景一定會很好。

這時候人們已經按捺不住內心的激動。迫不及待地要聽一聽培
訓顧問品牌運作和店鋪運營的高見。為什麼他們會做得這麼好？為
什麼這些加盟商會做得這麼優秀？以這個話題來探討金牌加盟商
店鋪運營的一些實戰的技巧和方法，客人們聽起來會越聽越激動，

他們沒想到做生意原來還有這麼多講究，沒想到貨櫃左右移動 20
釐米能影響生意，沒想到櫥窗開到左邊或右邊能影響業績，沒想到
人員管理還有這麼多的要點，但是他們做了十幾年的生意，從來也
沒有參加過這樣的研討會，也沒有研究過這麼細的問題，這個時候
他們對你代理的品牌更加會有想法了，他會認為這個品牌太棒了。
他們會認為做這個品牌不但可以透過貨品的買賣賺錢，最重要的是
還可以在這裏學到一套真正的店鋪運營的理論。

招商會每次有這樣研討會的活動，培訓課結束後很多新來加盟
的都會問我們：「請問，什麼時候還能聽到這樣的講課？在那裏還
能參加這樣的培訓？」這時，我們的回答是：「這些我們就不太清
楚了，你要問問品牌公司的行銷總監，問問經銷商的銷售經理，他
們有安排的，他們一年會有幾次的課程培訓安排。」

6. 模特走秀

培訓課程結束後，到了晚餐的時間，大家可以先去就餐。等大
家就餐回來，會場會出現一個 T 型舞台，要走一個時裝秀。因為一
切說得再好，不如把你的產品展示出來好，因為產品是品牌的根
本，一定要讓大家看到產品，這個環節要實實在在的。所以招商會
做策劃要虛實結合，包括加盟商上來分享，一定是實實在在的，不
允許編造。

這時候產品要展示出來，這一季產品上來是什麼樣的貨品，注
意招商會的時裝秀跟訂貨會的時裝秀是有區別的。對於訂貨會的時
裝秀：第一，建議不用專業的模特；第二，也不用搭 T 型台，便於
大家看到、觸摸到。但是對於招商會的時裝秀就不一樣了：首先，
要用專業模特；其次，燈光舞台設備要絕對好，整個過程要精心策

劃，表現一定要到位，但不用把所有的款式都搬出來，點到為止，半個小時的時間把你的核心產品展現出來。

招商會的時裝秀需要的是一種氣氛、一種感覺，因為許多客戶是第一次認識你的品牌，你要把最完美的、最感人的一面展現出來。要訂貨的，第二天到展會、到賣場再實實在在地訂貨。這一個秀走完之後，人們從早晨會議的激情，到下午培訓的冷靜思考，再到晚上時裝秀的激情，熱情再次激發起來。

你知道鋼鐵是怎樣煉成的嗎？就是高溫之後冷卻，再高溫錘煉。一場活動安排要有起伏，每一段落安排要非常緊湊。如果你把前面全部做到位了，晚飯的時候已經有無數的人約你開始要談合作的意向了。

模特走秀這一環節是服裝行業所特有的，其他行業可以用產品說明會、新產品發佈會的形式來展示自己的產品、展示自己的品牌。

7. 合作洽談

許多客戶在來之前抱著懷疑的態度，來到招商會現場一開始就被場面鎮住，聽完公司的介紹和政策支持，然後看到老加盟商的分享，越來越激動，對培訓課也非常感興趣，再來一場時裝秀或產品說明會就更是激動了，幾乎所有的客戶都是這樣一個狀態。這時候，業務人員要特別注意跟進他們管轄區域的客人，要及時跟進，看來賓的反應，要特別注意跟客戶之間的溝通。還有一個特別重要的問題是，為什麼我們要請當地 3～5 個非常優秀的加盟商來聽？那是因為他們之間會形成競爭。

在一場招商會現場，竟然有來賓朋友問：「老師，那家店能簽給我嗎？你看我們那裏的老闆都來了，他們做得不行，他們

做服裝不如我，我都做 10 年了，王老闆才剛剛開始做，趙老闆沒有資金實力。」因為緊張，他發現了這麼好的機會，卻突然發現競爭對手也來了好幾個，最後你還沒找他們開始談，他們之間就已經開始競爭起來了。

還有一個問題，一年做下來，總是會發現有一批老的加盟商在一些地方做得不太好。對於這樣的加盟商，在這個時候就需要給他們一點小小的促動。例如，在一個城市，你已經有了加盟商，但是你覺得他做得不好，想把他替換掉，在招商前你可以派業務員過去，在這個城市選 3～5 位優秀的加盟商，邀請他們來參加這次招商會，並不用告訴原來的加盟商，只是把這些朋友請來一起聽聽課。這時候你不用找他，他自然會來找你，他比你還要緊張，因為他知道你請的這些人都比他厲害。如果這位加盟商能改變，能跟上大部隊一起走，就繼續給他一個機會，如果跟不上，就把他淘汰出局。

今天你不是在做慈善事業，因此必須選擇一批優秀的加盟商跟你一起走，一起成長。你可以照顧兄弟感情，但是要知道如果長期這樣，團隊的競爭能力就會越來越弱。我們對此的觀點是：更多地扶持帶動，大家一起進步，如果跟不上步伐要淘汰的，必須淘汰。所以，要定有一個比例，每年或每一季對加盟商有 10%的淘汰率。用賽馬機制，公平合理，凡事按照遞增速度，將增長最慢的 10%淘汰掉。

已經把加盟商的士氣提升上去了，訂貨的方法在培訓課程上也講得差不多了，招商會的第一天過後，第二天老加盟商該訂貨的去訂貨，銷售經理、業務人員就跟新的加盟商去洽談合作的事項，這

樣一個招商活動，時間安排得非常緊湊，效果也非常好。

8. 招商會訂貨階段

在招商會上展示的產品數量要遠遠大於實際的上市款量，這樣做的目的是使更多的商品得到展示，透過客戶的回饋及時收集市場信息信息。透過回饋讓產品研發部門掌握各地域的消費差異，為未來開發做相應調整。訂單的取得一般遵循「看、談、訂」這樣一個循環過程。

「看」：即安排客戶先走馬觀花看一遍貨品樣板，讓其對貨品有一個初步印象和整體感覺。從而我們也可以得知客戶對貨品的滿意程度。

「談」：根據客戶對貨品的整體感覺，結合客戶所在市場的實際情況，有針對性地與客戶溝通訂貨數量。

事先要計算單店鋪貨所需貨量，我們可以從競爭對手的鋪貨情況、自身貨品結構、正常週轉庫存三方面得出單店鋪貨所需貨量，分別對單個標準專賣店、商場專櫃、綜合店作合理分析，從而得出每種形式店鋪的標準貨量。

「訂」：根據之前和客戶談的情況，安排客戶分批次訂貨。

⑴確定領頭羊客戶。根據此前談的情況，判斷客戶訂貨數量意向，選擇 2～3 個客戶作為訂貨現場的領頭羊客戶。領頭羊客戶的標準：一是有影響力的重點客戶；二是此前經營類似產品的專業客戶；三是願意配合的客戶。領頭羊客戶的作用在於：帶頭上量訂貨；引導其他客戶訂貨；烘托現場訂貨氣氛。

⑵客戶分組。一般按重點客戶、次重點客戶、一般客戶分組訂貨，或者重點客戶搭配其他客戶一組訂貨。為了不讓客戶感覺過於

厚此薄彼，可以給每組起些浪漫激情的隊名，例如激情組、陽光組等，並把領頭羊客戶設為組長。

⑶設時間段。預計一個客戶點完貨所需時間，設定每一組訂貨的時間段。為了避免現場人太多失控或人太少冷場，同一時間段內一般安排一組客戶點貨，一組人員數量控制在 6～10 人之間。

⑷應對突發事件。訂貨現場因為客戶較多，經常會遇到把貨物貶得一文不值的客戶，這對其他客戶的正常訂貨有極大的負面影響。當出現這種情況時，應堅決、禮貌地把這種客戶請出訂貨現場。

由於客戶對產品認知、市場認知、個人喜好的不同等因素，在這個時候客戶下訂單，就會出現訂單散亂的現象，所謂百貨中百客之理，這個時候引導客戶下單可以起到一定作用。

⑴商品展示與推介。在訂貨會期間，對整盤貨品風格、搭配、技術等知識最大限度的展示，透過文字資料、圖片展示、靜態展示、動態講解等方式，讓客戶在短暫的時間內對商品有基礎認知，使客戶確認訂單與商品是關鍵一步。

⑵產品選擇。確認本次的主打產品，讓服務於招商會的工作人員都詳細瞭解整體產品開發計劃、流行趨勢、主打產品賣點等，重點推介，可以起到集中下單的作用。

⑶下單數量。下單數量也就是一個模仿銷售計劃的過程，可以單店銷售業績作為依據來確認下單商品數量，並結合產品開發特點與上市計劃來指導客戶下單。注意要充分運用二八定律原則，從款量、數量上的細化來實現最低的庫存風險。

⑷訂貨政策。公司在降低庫存風險的同時，客戶相應的庫存風險相應增加，要確保訂貨下單的順利，達到庫存風險分化目的，提

供相應政策上的優惠和激勵是必須的,可分不同管道模式,如加盟商的不同級別得到相應的激勵;也可從「量」上作為衡量標準,透過返點的方式來激勵客戶下單。

33 招商會的注意事項

1. 留守人員的注意事項

(1)留守期間認真接聽電話,並詳細記錄。

(2)如在留守期間有來賓或客人到公司參觀,應熱情接待,並說明招商會情況,如有需要,通知會務組派車將客人接至會場。

(3)留守期間注意防盜、防電等安全,嚴禁脫崗。

(4)用餐時可輪換,或叫餐上門。

2. 用餐時的注意事項

(1)會議用餐前一小時與餐廳負責人聯繫,最終確定用餐量,並做好預備量。

(2)用餐前 5 分鐘安排員工到餐廳門口等候來賓,引導來賓就座。

(3)如有特殊習慣或宗教信仰的來賓應特別安排。

(4)對餐廳前台人員說明,煙、酒、加餐等只能通過會務組專人進行安排,客人如自行安排會務組概不負責。

(5)待來賓全部入座後員工可插入填補每桌的間隙,儘量不要出

現員工紮堆用餐的情況。

(6)會務組工作人員用餐執行輪換制，並準備些牛奶或點心充飢，確保工作人員的充沛體力。

(7)如果是自助餐，那麼結算的時候一定要按照實際發生的數量來計算，要注意每一個細節，例如提前領取餐票，加蓋我方的公章，不要直接發到來賓手裏，尤其是早餐。

3.員工如何合理休息

在滿負荷工作的前提下確保各組員工的合理休息，每組根據自身情況制定合理的休息安排，如登記接待人員的工作主要集中在來賓登記、用餐、休息、返程的時間，其他時間則不是很忙，所以可安排適當的輪換休息；會場人員的工作主要集中在授課期間，剩餘時間應協助其他工作或輪換休息；業務組的主要工作時間是在來賓休息時與來賓溝通，所以在來賓授課時可安排與其他組配合或輪換休息。

4.突發事件及客戶投訴的處理

(1)如遇來賓酒後失態、貴重物品丟失等突發事件，應及時聯繫有關部門配合解決，儘量低調處理，以免引起其他來賓的注意。

(2)如在工作中遇到來賓投訴，無論對錯，先賠禮道歉，然後彌補，會後再追究過失問題。內部的問題內部解決，除緊急事件需要處理外，其他事情應在會議結束以後處理。

(3)公司自己員工之間無論發生什麼事情，都不能當著客戶的面互相拆台。

招商的流程和分工中間有很多交叉，在會議的進行過程當中，可能用不了這麼多的部門，有可能一個組負責幾項職責，開招商會

是一個蘿蔔三個坑甚至都不夠，在具體的操作中，可以進行調整，部門可以調整，但是內容不能減少。招商會的這個階段很關鍵，控制得當，你就等著簽合約吧！即使出現小問題，也是合作的前奏而已。

34 招商會會後的客戶跟進

1. 招商會會後總結

招商會會後的總結，也是十分重要的。招商會開完了，會議的總結是必要的，因為會後看會議，一定會看出很多不足，會後總結那個企業或者公司都會做，但是效果卻不一樣，有幾個關鍵需要注意。

第一，會後總結不要僅僅停留在開會或者獎罰身上，必須有專人負責記錄，然後和以前的會議日程安排結合起來，越來越完善，會議總結落實到文字上。

第二，獎優罰劣是必須的，如果感覺會議過去了，再說也沒有用了，大家都這麼辛苦，想遷就一下，那麼就錯了。第二次、第三次還會犯同樣的錯誤，惰性和錯誤有時候是慣出來的。

第三，招商會會議的結束不等於招商的結束，許多有意向的客戶並沒有在現場簽約，因此必須安排專人制訂跟進計劃並予以執行，大的加盟商必須由經理來跟進，中小客戶交給銷售部由業務人

員來跟進就可以了。

招商會的會後總結不僅可以使經銷商總結招商的成功經驗，更重要的是，能夠從招商過程不足之處中汲取教訓，使得經銷商在今後的招商中達到更好的效果。

2.宣傳材料的編輯與製作

招商會完畢後，在公司能夠發佈消息的平台上一定要及時進行各種宣傳報導，對於老的加盟商也是一個很好的促進，內容包括網站新聞發佈、招商會圖片發佈、簽約地區情況發佈、會議資料的整理、照片錄影的整理等；同時通知那些沒有來參加會議的加盟商要隨時關注我們的網站，對於他們也是一個激勵。

有些加盟商就是看到招商會的簽約情況後，在招商會議後自己直接到公司進行談判，最終履約成功的。

3.招商會後的跟蹤和回饋

招商方案較為集中的實施階段結束後，並不是招商方案全部過程的完結，更不是招商活動的終止。要圓滿完成整個招商工作，還有一道必不可少的程序——招商方案的跟蹤、回饋。跟蹤得好，能鞏固和擴大招商會的成果，達到事半功倍的效果；跟蹤得不得力，則有可能前功盡棄。

曾經有一個品牌在四個城市招商，效果非常好，四個城市現場招商簽合約就達到 70 多家，在後期跟蹤的 3 個月中，簽約總數超過了 100 家，因此後期跟進是一個非常重要的工作。有些客戶非常認同你的品牌，但是有可能由於他現在沒有好的店面、資金未籌集到位等原因，沒有在現場與你簽約。因此，策劃者要極為重視招商後期的跟蹤、回饋工作。對有意向客戶的跟蹤主要表現在以下幾個

方面：

第一，主動徵詢和收集意向客戶對整個招商方案和招商加盟政策的意見。本次招商活動成功的地方在那裏？需要改進和注意的地方在那裏？透過收集這些回饋意見，對我們在以後進行類似的招商策劃和制訂招商方案時能有所借鑑。

第二，對在招商活動中所捕捉到的信息要繼續跟蹤，對新接觸的客戶要保持聯繫，不要出現招商會一結束，信息和來往就隨之終止的局面。對有意向合作的客戶，要在招商會之後，要及時聯繫並創造條件促其儘快簽約。

第三，對於在招商活動中已簽約的加盟商，應按照招商手冊提供加盟商相應的裝修、貨品支援，促使加盟商的店鋪儘快開業，為自己帶來業績。

第四，對於如何做好招商方案實施後的跟蹤回饋工作也應制訂一個方案，分工到人，明確職責，並定期檢查跟蹤、回饋工作的成效。

完善的招商策劃、嚴密的組織運籌和籌備、招商會現場的精確控制以及招商會後跟進服務的執行到位，招商會一般都會有一個好的結果。但是好的招商技巧也僅僅是一個成功的一個因素，最終決定招商結果和發展速度的還是經銷商的誠信和實力以及經銷商團隊的全力執行和服務到位，沒有這些作為保障，招商會的繁榮也只能是曇花一現。

35 經典招商案例

××品牌 2006 商機分享會

第一部份　主題與目的

1. 活動目的：招商、分享。

招商——向參會加盟商說明××品牌託管模式在中國某類服裝市場的空間和經營手法以及公司在發展過程中給予加盟商的專業支援與服務。

分享——請已經加入××品牌的客戶分享與公司共同發展的歷程和收穫。

拓展——為下一步區域店鋪拓展打下基礎，拓展銷售通路，擴展市場佔有率。

2. 會議主題：共同成長，把握 12 億新商機。

3. 會議培訓課題：如何抓住 12 億的市場商機。

4. 組織策劃。

主辦單位：××品牌託管有限公司。

協辦單位：中研國際時尚品牌管理諮詢集團。

媒體支持：××雜誌。

5. 特邀嘉賓：服裝協會領導、中研國際首席顧問、特邀加盟商。

6. 會議時間：2006 年 6 月 6 日～8 日，共 3 天。

7.活動地點：杭州市梅地亞酒店。

第二部份　會議操作思路和方法

1. 動員大會

成立分享會工作小組，確定小組成員/組長，確定會議目標，確定會前、會中、會後小組成員和公司相關部門工作分工、計劃和跟進。

會議流程

表 35-1　會議流程表

日期 \ 項目	時間	內容	負責人	地點
6月6日	12：00～14：00	會場佈置（雙方所有資料及準備到位）	接待組	
	14：00～18：00	簽到、安排住宿、領取會務資料	接待組	
	18：00～20：00	歡迎晚宴	接待組	
6月7日	7：10～8：10	早上叫醒服務、早餐	酒店客戶部、接待組	
	8：15～8：45	簽到	接待組	

6月7日	8：45～ 9：45	開幕儀式 1. 主持人宣佈活動開始、介紹嘉賓（協會嘉賓、領導） 2. 領導致詞：公司總經理致辭，宣佈公司整體戰略、發展目標等 3. 協會領導致詞 4. 優秀加盟商頒獎：主持人宣布獲獎人及獎項，邀請獲獎人及頒獎嘉賓上台	會務組	
	9：45～ 10：00	交流休息（投影儀及會務用品調試），引導嘉賓、領導退場		
	10：00～ 12：00	主持人介紹講師及培訓內容：如何抓住12億的市場商機之成長業績回顧與市場空間分析；新聞記者對公司總經理進行專訪	培訓顧問	
	12：00～ 12：20	合影留念	會務組	
	12：20～ 13：30	午餐休息		
	13：30～ 15：30	如何抓住12億的市場商機之操作方略與經驗分享；獲獎加盟商上台分享成長經歷	培訓顧問	

續表

6月7日	15：30～ 16：00	集體上車前往優秀店鋪參觀	會務組	
	16：30～ 17：15	優秀店鋪現場觀摩		
	17：30～ 19：00	全體參會人員返回酒店、用晚餐		
	19：30～ 22：00	加盟簽約洽談		
6月8日	7：10～ 8：10	早上叫醒服務、早餐	酒店客戶 部、接待組	
	8：15～ 8：45	集體退房	會務組	

工作小組分工

1. 總指揮：總經理。

(1)負責會議的計劃、執行工作，跟進項目的進展。

(2)主持人、協會嘉賓、媒體邀請。

2. 洽商組：組長、組員。

(1)組長負責會前客戶拓展、開發。

(2)負責加盟商邀請並協助酒店食宿安排、接待等後勤工作。

(3)會議期間的加盟洽商資料準備，意向加盟商洽談簽約。

(4)燈光、音響、設備調試，培訓研討會的實施(投影儀、白板、講台、燈光、音響等設備)。

3. 接待組：組長。

(1)會前客戶邀請函統一郵寄、客戶統計，會議場地和食宿落實。

(2)參會來賓接待、酒店食宿、往返行程等工作安排落實會務資料準備。

(3)公司畫冊、招商手冊、手提袋、禮品、資料、筆、紙等會務準備工作。

(4)會務簽到、接待、資料領取、禮品贈送等工作。

(5)會議期間會場服務工作和參會客人的接待安排，接送車輛安排。

(6)提供到會人員名單（集團領導、公司領導、經銷商等）和工作小組人員名單。

4. 企劃組：組長、組員。

(1)負責會場佈置：酒店門口、酒店大廳、歡迎晚宴、簽到台、培訓會場。

(2)會務用品製作：邀請函、易拉寶、背景板、指示牌、橫幅、嘉賓胸牌、員工工牌、簽到牌、簽到本、胸花、花籃、房間內歡迎函製作。

(3)參會嘉賓的禮品和獎品準備。

(4)參觀店鋪的陳列佈置。

(5)照相機、攝像機準備，拍攝人員確定，集體合影（7 日中午午餐前）。

5. 酒店配合工作。

(1)客戶食宿安排。

(2)會場調配、佈置（指示牌、橫幅、易拉寶、背景板等）。

(3)服務人員提供茶水。

(4)提供筆、紙等會務用品。

(5)燈光、音響、冷氣機等。

(6)酒店叫醒服務。

6.統計及財務部門：負責製作成功加盟商的銷售報表分析。

(1)要領：在分析報表的過程中沒有固定的形式和表格，可由財務部門編寫易懂、清晰的、對比性強的表格和直條圖，用數字說話更具說服力。

(2)將有關資料提供給顧問，製成投影效果更直觀。

具體分工

表 35-2　具體分工表

負責組	職責內容	完成期限	涉及人
總指揮	1.確定活動時間、地點、所有費用 2.邀請資料設計審核 3.活動審核 4.場地佈置、包裝設計審核 5.企業文化和發展史介紹內容審核 6.酒店落實場地、用餐安排、費用預算和費用分配	5月25日	企劃組 總經理
總指揮	1.會議現場流程設計、小組人員分工安排 2.前期工作籌備進度控制、資訊溝通 3.針對活動進行培訓溝通：本次活動安排、公司及品牌介紹、已有網路、常見問題的答問、目標城市介紹、日程安排、人員分配(明確區域、責任到人)	5月26日完成所有製作籌備	各小組及顧問組

續表

接待組	1. 到會人員邀請、資料郵寄、傳真 2. 提供到會人員名單、住宿需求 3. 加盟商參會安排 4. 簽到、領取資料 5. 客戶接待、往返行程安排 6. 酒店統籌，客戶食宿安排、引導 7. 晚會籌備及實施	6月6日	加盟商洽商組
企劃組	1. 會場佈置(酒店門口、大廳、宴會廳、培訓會場) 2. 提供工作人員名單 3. 提供到會人員招待(培訓師、客戶、主持人、成功加盟商、媒體)安排 4. 公司內部宣傳資料準備(產品手冊、公司畫冊、企業宣傳片、訂貨表等) 5. 參會用品準備(證書、禮品、筆、紙、手提袋等)	6月1日～5日	企劃組接待組
企劃組	6. 會議現場簽到準備(簽到本)、現場接待及資料派發(培訓師、客戶、主持人、媒體嘉賓) 7. 現場工作人員牌、嘉賓胸牌到位 8. 照相機、攝像機準備，拍攝人員確定 9. 集體合影(8日中午課程結束後，午餐前) 10. 參觀店鋪佈置、陳列		
新聞發布會組	新聞發佈會資料準備(公司資料、軟性文章撰寫)新聞接待新聞發佈會籌備新聞稿件跟進	6月6日～7日	媒體
現場電氣管理	投影、音響設備準備及調試協助培訓、晚會演出等活動燈光、音響、音樂操控	6月6日～8日	酒店洽商組
顧問	整體項目的策劃、培訓、鋪導	6月3日～8日	公司員工

會務準備

表 35-3　會務準備安排表

事項	確認時間	負責人	備註
客戶邀請： 確認名單，確認到場人員	5月8日 ～6月3日		要求客戶到會150人： 已加盟：_____人
發出邀請： 跟進確認到會人數和性別	5月15日 ～20日		已簽約：_____人 新拓展：_____人 原批發戶：_____人
最終確認	5月30日 ～6月4日		
會場確認酒店及相關費用 1. 演講會場：用2天；費用____ 2. 簽約會場：半天；費用____ 3. 酒店住宿：用2天；費用____ 4. 會議用餐：5餐；費用____ 5. 會議包車：往返費用____	5月15日		
會場設計、製作 1. 邀請函設計、製作 2. 公司宣傳畫冊 3. 公司手冊的設計、製作 4. 會場佈景、製作、安裝	5月25日設計全部完成。6月5日安裝全部到位		
會議資料準備 1. 加盟流程及政策：會前所有人員統一口徑 2. 加盟意向表：研討結束時發，晚上收 3. 加盟合約：正本校對列印，封面製作，要保證裝幀效果			

表 35-4　時間進度表

	具體內容	責任人	完成時間
	1. 會務工作		
	(1) 預訂酒店及跟蹤落實情況	總指揮	
	(2) 優秀加盟商證書、禮品準備	企劃組	
	(3) 辦公及後勤物料準備	接待組	
	(4) 總經理演講稿	總經理	
	(5) 客戶邀請、聯繫、確認	洽商組	
	(6) 邀請函郵寄	接待組	
	(7) 所有資料到位	接待組	
前	(8) 參會人員前的培訓	培訓顧問	
期	(9) 提供加盟商及領導名單(參會表)	洽商組	
籌	(10) 主持人、新聞媒體、協會嘉賓邀請	總經理、顧問	
備	(11) 學員及工作人員胸卡設計製作	企劃組	
	(12) 研討會資料準備	接待組	
	(13) 車輛安排	接待組	
	(14) 客戶房間的佈置(歡迎函、水果等)	接待組	
	(15) 客戶的入住、食宿、接待、資料領取	接待組	
	2. 會場準備		
	會場形象包裝第一次審稿	企劃組	
	會場形象包裝確定並製作、入場佈置	企劃組	
	培訓會場設備準備、座位安排	企劃組	
	歡迎晚宴籌備(會場佈置)	企劃組	

續表

6日	客戶簽到、住宿安排	接待組	18：00～ 20：00
	歡迎晚宴	各組	
	晚上到客戶房間拜訪、明確活動安排	洽商組	20：00～ 22：00
7日	叫醒服務	酒店	7：00～ 7：30
	早餐	接待組	7：30～ 8：30
	播放企業宣傳片VCD、調試設備	洽商組	8：00～ 9：00
	加盟商、嘉賓簽到(嘉賓領取資料)	接待組	8：30～ 8：50
	客戶入座指引	洽商組	8：30～ 9：00
	開幕典禮、頒獎儀式(領導講話安排)	洽商組	9：00～ 9：30
	研討會	培訓顧問	10：00～ 15：30
	午餐、休息	接待組	12：00～ 13：30
	參觀優秀店鋪	總經理、 洽商組	
	晚餐	接待組	
7日	加盟客戶洽談	總經理、洽商組	20：00～ 23：00
8日	送客及意向客戶簽約	洽商組	
	撤場物料回收	接待組、企劃組	
	效果評估及總結跟進	洽商組	
	客戶訂貨後續工作的跟進	洽商組	

表 35-5　物料及費用預算表

項目	內容	數量	費用	負責人	出處
酒店	租場費				
	住宿費				
	歡迎函、果盤				
餐費	早餐				
	午餐				
	晚餐				
簽到處	簽到台				
	簽到冊				
	名片盒				
	簽到筆、紙				
	會務資料(會議議程、教材等)				
	胸花、胸牌				
	禮品				

續表

	酒店大門外橫幅				
	會場指示牌				
	會場背景板(歡迎宴、培訓會、大廳)				
	易拉寶				
	花籃				
	演講台、礦泉水				
	無線麥				
會務	音響、燈光				
	音樂碟				
	公司宣傳片VCD				
	手提電腦				
	白板和白板筆、擦				
	投影儀、投影幕				
	電源設備及投影連線設備				
	照相機及拍攝人員				
	攝像機(配錄影帶)及拍攝人員				
拍攝	茶水、果盤				
	筆、紙				
接送	車輛				
用品	文具(資料袋、釘書機、釘書針、計算器、雙面膠、筆記本、筆、封箱膠等)				
備註					

工作紀律

1. 所有工作人員必須服從分配，服從責任人的安排，不得推卸責任。

2. 發揮團隊合作的精神，靈活處理突發事件及問題。

3. 保持積極的工作狀態，遇到問題不可相互埋怨，要積極提出補救措施，協調解決。

4. 所有員工必須統一著裝，女性化淡妝。

5. 工作現場不得大聲喧嘩，不得嬉戲，不吃零食。

6. 工作時間不得隨意離開工作崗位，如有事離開，必須向責任人請示，得到批准方可離開，但必須在確定的時間內返回工作崗位。

7. 禮貌待客，對來賓的詢問不得有不耐煩的表現，如確有不明白的地方，必須請示責任人予以解決，或將來賓帶到知情人處，不得以「不清楚」、「不知道」來回答詢問，多使用「您好」、「請」、「您有什麼需要我幫忙的嗎」、「謝謝」等禮貌用語。

8. 工作人員需備好名片。

9. 熟記各項活動的內容、時間安排及地點，以便為客戶作好服務。

第三部份　場地及其他

場地佈置

1. 場地的佈置：根據會議舉辦的規模、費用和慾求效果等客觀依據決定。

2. 場地的硬體宣傳物料：橫幅、路標、簽到牌、主辦單位和協辦機構宣傳物料等。

3. 根據公司的要求，用企劃包裝的形式表現效果。要充分考慮

場地的規模和費用，整個會場佈置要求突出品牌形象與活動主題，會場氣氛要正式、熱烈，讓加盟商充分感受到品牌的實力及權威性、專業性。

4. 企業的畫冊：除用公司宣傳畫冊外，可製作企業業績見證宣傳冊。

5. 會務手冊：將會晤時間表、嘉賓須知及研討會內容綱要製作成精美的手冊，配合企業的 VI 色調和元素。

6. 員工形象統一：工牌、著裝。

7. 嘉賓的胸牌：考慮企業 VI 的色調和元素，將加盟客戶胸卡和工作人員的工作卡或吊繩的顏色區分開。

8. 各部門完成相關工作時段表。

媒體操作思路

邀請重要媒體作專訪和重點宣傳：

1. 報刊整版專訪並邀請記者到現場採訪。

2. 網站。

3. 電視台。

出現問題的應急措施

1. 簽到：可根據實際情況作相應的調整。

2. 獲獎加盟商發言環節：提前溝通其演講的範圍和大概時間段（一般 5～8 分鐘），切忌公司安排發言稿，否則會不真實。發言稿越「樸素」、越真實越好，重點在營業額的提高。本部份培訓顧問會在現場把握和引導。

3. 突發事件：參照人員安排及內容。

4. 用餐：主持人宣佈用餐時間和地點後，接待人員分流在餐廳

門口(帶領客戶就座)、餐廳和會場的中間處(隨時引導和帶領客戶去用餐地點)、會場(避免遺漏客戶)。處處體現專業的服務和敬業精神,樹立公司形象。

5. 總結:為保證項目的順利進行,請總指揮將人員合理分派和使用。

6. 會議結束。總結項目達成的效果,整理歸檔。按加盟流程對新加盟商進行開店審核和計劃。

第四部份　××品牌 2006 年戰略

戰略核心:產品至上、行銷開路、服務無敵、管理保障。

2005 年小試鋒芒,初見成效,在一次招商會中有四家店鋪開業,從經營情況看,此項目的方向與市場定位是正確可行的,2006年的目標是徹底確定××品牌這種模式的地位及市場佔有率、影響力。

產品至上

1. 產品的組合一定要合理。鎖定 80~150 平方米店鋪為主力店鋪為配貨準備。

(1)款式——以原有的暢銷款式為基礎,以今年主打市場的需求為開發要點。

(2)結構——保持原有產品結構的優勢,嘗試性補充一些輔助產品。

(3)價格——對準目標競爭的品牌價位,發揮低價優勢。

(4)品質——一方面保證廠家的產品品質控制;另一方面加強對加盟客戶的品質服務保障。

(5)年齡——控制在 25~35 歲,其他年齡段可以少量試點,不

易大量，否則會影響主力產品的銷售。

2. 產品「年齡段」不宜過寬。

3. 加強加盟商目標客戶的深度開發。

4. 以退換貨比例作為吸引客戶加盟的條件，退換貨的庫存與批發銜接配合好可以化解庫存風險。

5. 適當開始選拔培養自己的產品開發設計人員，部份產品適當調配介入，補充產品結構的空缺。

6. 產品永遠是核心。

行銷開路

1. 營業目標分解：2006 年目標加盟商總數為 60 家。60×3000/日均銷售額×365＝6570 萬元。6570×50%＝3285 萬元。2006 年分解思路：中型店(100～200 平方米)為銷售主力店鋪，佔店鋪數量的 50%，達成總體業績的 70%；小型店(50～100 平方米)40%店鋪達成 20%的銷售業績；大型店(200～300 平方米)以形象和影響力為主，完成 10%的銷售業績。

2. 地域交通——遠交近攻。

(1)以區域地級市為主戰場，戰場不宜過長，做深做透 60 家店，80%店在此範圍，是贏利重心。

(2)週邊借力衝量、聯合約盟，不以贏利為主。加大出貨量，控制廠家，達到控貨目的。

(3)招商策略與時機。①3 月 28 日配合廠家大力推廣，6 月開大型招商會；②目標客戶為重點地區競爭品牌的加盟商；③6 月扶持一個加盟商做招商樣板；④在省會城市開設直營店，為直營打基礎；⑤在近期不在各地方開直營，以免人力、精力、財力分散。

(4)兵貴神速,相信許多有想法的人跟風齊上,所以週邊借力是極其重要之策。

(5)行銷人才要多考慮挖掘,找熟悉品牌的行銷總監,他們手中有網路。

服務無敵

1. 建議可做一場加盟商特訓營,提升士氣擴大影響力,促進秋冬季加盟店加入數量和提高已加盟店鋪的銷售業績。

2. 可做一場店長特訓營,為迎接元旦、新年的旺銷作準備。

3. 陳列以 VCD 的方式,傳播導入一年四季的陳列標準。

4. 促銷方案及活動行銷的策劃案要主動、及時、到位,一定要主動出擊廣泛撒網,提升品牌的市場影響和店鋪的銷售業績。以 VCD 方式發放,借此對客戶做深度開發,真正做到主動出擊,廣泛撒網。

5. 成功案例集(分享手冊)──各地店鋪開業、經營的經驗。

6. 創辦加盟商管理學院,全面提升加盟商的店鋪管理和運營能力。

管理保障

1. 公司初創期一定是以行銷為主,帶動內部管理。所有的分類管理應為公司行銷服務。初期公司人員的基本配備以保障部門之間的資訊高效溝通為主。

2. 展廳管理是核心。

⑴工作流程的合理快捷,以維護和傳播品牌形象和服務批發客戶為主要功能,尤其是保證現場銷售和貨品配送快速準確。

⑵保持員工有良好的工作心態,加深員工對服裝專業知識的掌握。

(3)加強員工對公司各項政策的理解與客戶問題解答能力的培養。

3. 行銷拓展部及加盟商洽談人員的工作是公司初期的核心重點。

4. 總經理的日常工作重心逐步轉向加強與廠家合作關係及對貨品把握,以保證公司網路拓展的貨品需求,逐步達到對貨品控制的目的。

5. 在行銷總監無確定人員時,應在穩定公司大方向後,由多名銷售主管分片區操作,通過競爭識別人才和選拔人才。

附件 1:邀請函文案

主題:跟隨××品牌,把握 12 億新商機

時間:2004 年 7 月 28 日 9:00~18:00

地點:××

主辦單位:××品牌託管有限公司

協辦單位:SEC 中研國際品牌管理諮詢機構

邀請函示例:

尊敬的先生/女士:

誠意邀請您出席由××品牌有限公司主辦、於 2006 年 6 月舉行的「跟隨××品牌,把握 12 億新商機」研討會,懇請撥冗參加,此致!

××總經理

××品牌有限公司

2006 年 5 月 20 日

　　會議還特別為各位尊貴的嘉賓精心安排以下免費服務：免費梅地亞酒店(四星級)標準雙人間住宿兩晚(時間：2006 年 6 月 6 日～7 日)；研討會前一天(2006 年 6 月 6 日)歡迎晚宴及研討會當天(6 月 7 日)早餐、午餐及晚宴；免費參加「跟隨××品牌，把握 12 億新商機」研討會專場(僅此一場)。

　　參會須知：加盟商報到時間為 2006 年 6 月 6 日 14：00～24：00

　　嘉賓、媒體報到時間：2006 年 6 月 7 日 8：30

　　會議酒店：梅地亞酒店

　　酒店地址：長生路 18 號

　　酒店電話：0571-×××××××

　　會務聯繫電話：××××

附件 2：歡迎函文案

　　尊敬的　　　　　　加盟商：

　　非常感謝您來到杭州，參加由××品牌有限公司主辦的「跟隨××品牌，把握 12 億新商機」研討會。

　　在這為期兩天的研討會上，除了分享××品牌自 2004 年底進入浙江市場取得的驕人成績外，還將邀請各位親臨當地店鋪進行實地觀摩和考察，同時我們還邀請了中研國際首席培訓師祝文欣先生，進行如何抓住 12 億的市場商機的主題演講，與您一起分享市場的 12 億的贏利空間，託管專賣店運作的成功經驗和經營

訣竅，共同探討服裝品牌加盟商的發展空間和機遇。

　　××品牌託管有限公司是以大型店鋪專賣為運營模式的品牌託管公司，公司擁有整個童裝產業鏈中非常良好的供應資源，並且攜手中國最具知名度和專業度的品牌顧問公司——中研國際為後盾，給予××品牌全方位的支持和輔導，短短 1 年多的時間內，××品牌就展現出可喜的業績，市場前景不可估量，在服裝品牌競爭如此激烈的今天，不可否認這對廣大服裝品牌加盟商來說是少有的商機。

　　本次活動以「跟隨××品牌，把握 12 億新商機」為主題，就是希望我們能與各位優秀的加盟商共同學習、共同成長，共同創造××品牌更加美好的未來！

　　最後，感謝您對××品牌的信任和支持，預祝您在會議期間過得愉快，並祝您滿載而歸！

××總經理

××品牌有限公司

2006 年 5 月 30 日

附件 3：××品牌加盟商素材一

　　A 城市加盟商葉老闆，從事服裝經營行業 8 年，以經營多種品牌貨為主。2004 年 1 月加盟××品牌連鎖經營，也是最早一家加盟××品牌的加盟商。原有兩個 40 平方米的服裝店，一天營業額在 800 元左右，當營業額達到 1500 元左右就感到挺滿足了。加盟××品牌前，計劃是以這兩家老店共 80 平方米來加盟××品

牌,後來經公司的建議(小地方開大店,大地方開連鎖店之原則),他找到一家 320 平方米上、下兩層的店面。開業當天一個下午就銷售了 6000 多元貨品,整個店裏都擠滿了人,排著隊付錢,也有很多是來參觀的,因為在當地還沒有一家專賣店有這麼大的規模、這麼好的專櫃形象、這麼豐富的貨品、這麼富有衝擊力的櫥窗、這麼好的店內商品陳列。

　　店鋪光有一個好的形象還不夠,加盟商更注重的也最關心的還是利潤問題。在加盟之前 A 城市加盟商只有 30%左右的利潤,一件進價 50 元的服裝只能賣到 70 元,而在加盟××品牌以後利潤達到了 90%左右,××品牌同樣 50 元的進價服裝,能賣到 112 元,而且效果還出奇的好。

　　之後 A 城市加盟店在當地的影響力越來越大,加盟商乾脆把以前的兩間老店也轉讓掉專心經營此店。以前的店很累,而且一年做到頭也沒多少利潤。現在的利潤比以前翻了好幾番,加盟商的信心也越來越足了,連 A 城市的市長、領導都來光顧,成為××品牌貴賓卡的一員,用葉老闆自己的話說:「現在的客戶群和以前的客戶群都不一樣了,以前總是價格上還來還去,現在的顧客看到這麼好的形象、這麼好的品質都不怎麼還價,最多搞活動時打個 8.5 折。現在平均營業額在 7000 元左右,是以前想都不敢想的,真是省心、省力、獲利高。」

　　更重要的是加盟商在心態、思想上的改變,A 城市加盟商深有體會,之前他是安心於維持目前的現狀,覺得能維持這種狀態就不錯了,更談不上什麼發展加盟,連想都沒想過。做了 8 年的

服裝下來還是守著 40 平方米的店，銷售額還是在停留在原地，而如今他的思想觀念完全改變了，現在不僅要做到當地的 NO.1，而且要在其他區域再擴展幾家連鎖店，這也是我們××品牌最終的目的。

葉老闆計劃今年把隔壁 50 多個平方米店也盤下來擴大，再計劃 2007 年準備在 A 城市的所轄縣再找一家大一點的店面來經營××品牌。

附件 4：××品牌加盟商素材二

B 城市加盟商李老闆，在經營××品牌之前有一個 800 平方米服裝店，是以多種管道進貨為主，比較麻煩，品質難以保證，後續服務跟不上。

2006 年 1 月 8 日他以 C 縣店鋪加盟××品牌，店鋪面積 150 平方米。加入××品牌後，服裝統一由××品牌供應，道具由香港永昌公司設計製作，公司內服務員工崗位培訓及後續跟進監督服務。開業後感覺店鋪無論在形象上、貨品上、陳列上、櫥窗上在當地都是一流的。過去一天營業額只能在 2000 元左右，後經公司的活動策劃、宣傳，加上自身的努力，知名度也一天比一天高，人流量也一天比一天多，成交率都在 80%左右，現在一天營業額 6000 元左右。

李老闆也是越來越有信心，2007 年 4 月初又將此店二樓 150 平方米盤下來做，4 月下旬又在 D 縣找了一個 130 平方米的店，5 月 1 日正式開業。5 月中旬又在 E 縣找到一家 120 平方米的店

面，準備 8 月份開業。下半年計劃把自己在 B 城市的老店也加盟××品牌，他認為現在雖然店開多了、開大了，但是操作起來比以前更加輕鬆，利潤更大。公司強有力的貨品支援、區域的控貨，沒有以前竄貨的煩惱，不用四處奔波尋找挑選貨品，自己有更多的時間花在經營管理上，沒有後顧之憂，真正達到了雙贏的目的。顧客的反映都非常良好。在 2007 年 5 月 6 日有這樣一位顧客，她是附近的一所幼稚園的園長，她路過此地便被這裏的櫥窗形象及亮麗的道具所吸引，當她進入店中，時尚的款式、上乘的品質，再加上營業員的熱情，使她馬上和店裏聯繫要求訂一批校服，因為正好幼稚園想在六一兒童節期間訂制一批品質較好的校服，並馬上下了訂單訂了 316 套品牌的校服。

這樣的例子很多，所以加盟商特別有信心。××品牌為他們搭起了這個發展平台，他們會一直同××品牌一起走下去，共同成長！

心得欄

36 令人心動的××品牌招商加盟手冊

第一部份　××品牌優勢

　　××品牌以傳遞最時尚、最個性、最簡潔的國際化休閒服為設計理念，用柔與剛的完美結合，達到剛柔相濟的美感，表現出一種全新的現代休閒服裝的品牌形象。色彩上採用穩重、智慧的黑色與熱情、朝氣、活力的紅色，視覺衝擊力強，易於傳播。

　　××品牌是國內服裝行業巨頭與國際頂級服裝設計師合作推出的都市休閒著裝理念的全新代表作。××品牌集合了休閒服裝中的自由、原創的西方精神，同時融入了東方本土文化和運動休閒習慣，洋溢著一股撲面而來的青春、活力、愉悅的東方之風。

1. 產品優勢

　　××都市休閒裝主要定位在白領階層和大學生市場，以多元化、多功能為主要特徵，在演繹新銳、創新、精準、動感的四大主旋律的同時，突出產品的個性化、時尚化、系列化和功能化。××新品裝在形態上整體造型流暢、大方、得體；在細節上打破了傳統的「型」，在展現活力動感的曲線前提下，追求富有裝飾性的細節。

　　主線品類作為基礎產品線針對年齡在 22～30 歲組推廣消費群設計，以職業休閒風格為主，風格時尚、個性，適合行銷、IT 等行業的年輕上班族群。套裝和上衣以修長和輕型結構為主、外加柔軟的肩部設計，與基本的休閒褲搭配，受戶外運動和軍裝風格影響，

吸收舊制服、摩托警騎裝、航海等服飾的設計元素，粗獷中帶有感性色彩。色調以暖色為主，外加白色、米色、藍色和灰色。

休閒品類體現自由、鄉村、簡單的美學回歸，走的是知性、內斂、優雅的休閒路線。適合休閒場合穿著，單色淳樸氣質以灰、黑、米色為主色系，夾雜少許細節上的變化和搭配變化，以內穿服飾為主打，體現高貴優雅的休閒風尚。

牛仔系列為主的動感休閒配合運動的感覺，適合 16～23 歲年齡層的學生。整體以靛藍色的牛仔搭配變化繁多的針織類毛衣、中古夾克等，加以油漆印花、顏料印花、刺繡、紋章及徽章等裝飾，帶有活潑、紈絝的街頭風格。

選用能感悟高雅、時尚氣息的高科技功能面料和進口面料、不同質地的高支紗條紋、精選的純毛或毛混紡、羊絨面料；在功能上更強調透氣性、抗皺性，穿著舒適；以時尚條紋系列為主，在色彩上也打破了傳統的黑色、灰色、藍色，出現了優雅的中性色、亮麗跳躍的橙色點綴，將新新人類從單一的色彩中解放出來，表現出了新新人類所追求的新銳、創新、精準、動感的休閒風格。

××品牌是歐洲和香港設計師共同打造的時尚、新銳、動感十足的都市休閒系列時裝，整體品牌設計定位明確，風格突出，系列感強烈，可滿足不同階層人們的不同生活狀態的需求，引領時尚潮流。

2.品牌檔案

⑴品牌起源。××品牌是專為偏愛休閒、率直隨意的新新人類度身訂制的，更具個性、年輕、經典、激情與智慧的內涵。它傳承了世界時尚風情概念，中西合璧，是為現代時尚新貴族設計的另一

種風格不同的牛仔休閒服裝系列，它定位於世界時尚和流行的國際品牌，訴求一種新著裝的文化和生活方式，將不變的牛仔精神「自由、原創」融入東方本土文化和著裝的審美習慣，流露出一股撲面而來的青春、活力、愉悅的東方之風。

⑵品牌詮釋。××品牌的目標群年齡為 16～30 歲的年輕人群，這是一群新時代下的新新人類，他們擁有嶄新的思維、個性的視角、獨特的言行以及時尚的生活觀，而心靈的寂寥使他們渴望也更接受真誠互動與情感溝通。

××品牌哲學：個性、年輕、堅毅、自信、品位、智慧與浪漫共存，讓消費群能在××品牌中找到自己，創造自我的新人生觀。

遊戲意識：人們渴望在遊戲中得到愉悅、興奮、新鮮、驚奇的感覺。

美感意識：消費者要求設計美，提升品質、功能的價值。

⑶產品組合與特色：××牛仔系列男裝在保持一貫的新銳、創新、精準、動感及休閒功能的品牌精神之外也兼備了時尚生活的流行理念，它不再只是滿足人們在戶外休閒活動的穿著需求，更具備了時尚動感，成功且完美地創造了流行與功能結合的新時代；極具國際品牌的品位，充滿堅毅、活力、自信與尊貴；體現時尚激情的個性化訴求，注重動感、醒悟的體現，彰顯功能及品位；推崇牛仔加休閒的獨特配裝藝術，營造浪漫與智慧共存的格調，牛仔天合；產品系列包括長短風衣、休閒外套、休閒襯衫、毛織衫、棉織衫、T 恤、牛仔夾克、牛仔褲等。

⑷品牌個性：健康、活力、個性、富有創造力。

⑸目標消費群。目標消費群體的年齡層次為 16～30 歲的年輕

族群。在校生 16～22 歲的人群佔 20%(高中生、大學生)。社會青年 22～25 歲的人群佔 40%(剛步入社會的青年及新新人類)。個性行業 25～30 歲的人群佔 30%(以白領為主，涉及有固定收入、追求個性體現的藝術、廣告、文娛、新聞等行業的年輕人)。其他消費人群為 10%。

⑹經營理念：時尚、自我、誠實、誠信；服務態度：舒適、親切、友善的服務；承諾：特立獨行展現自我的風格；流行：多元化的選擇空間。

3.流行趨勢與市場潛力

近些年，崇尚自由、追求個性的文化理念，以及在都市生活快節奏和緊張工作的壓力下，人們渴望放鬆的心態使休閒服裝成為一種新興的服裝產業。崇尚自然的風潮不僅成為國際時尚的重要流派，而且也引導了市場的服裝消費，休閒服裝成為熱點商品和服裝的主流趨勢。

牛仔，是國內外服裝消費者所青睞的時裝系列之一。資料顯示，在歐洲，幾乎有 58%的德國人在公共場合穿著牛仔服；美國穿牛仔服的人堪稱世界之最，牛仔文化已經在美國根深蒂固。

××品牌的誕生，宣告了國內服裝設計時尚潮流與國際水準的接軌。為敏感而果斷地抓緊這一市場先機，公司適時推出了「都市休閒」的著裝理念，牛仔融合休閒的創新服飾搭配藝術及其概念成為××品牌嶄新的賣點。××品牌集合了牛仔服裝中的自由、原創的西方精神，同時融入東方本土文化和著裝的審美習慣，洋溢著一股撲面而來的青春、活力、愉悅的東方之風，更多體現了「擁抱自然，回歸自然」的品牌文化底蘊。

以出色的創意設計經營和成功的經營模式來進行市場運作，兩種優勢合到一起為休閒裝開創了一個嶄新的天地，也為進軍國際市場打下了良好的基礎。

第二部份　誠邀加盟

1. 加盟××的七大優勢

市場調查：公司將對特許經營申請者所申請經營的地區作全方位的調查，並委派市場專員前往考察，協助申請者作出準確的投資分析報告。

店面設計：公司將對加盟商的實際店面情況進行最合理的店面裝修設計，以統一品牌形象，適應公司 CIS 要求。

傢俱提供：公司將為每一位加盟商提供系列的陳列展示器具，為統一品牌形象，對所有專賣店，公司要求統一製作傢俱。

開業指導：新店開業期間，將由公司專員或省級加盟商前往進行店堂氣氛佈置及媒介宣傳指導。

陳列指導：公司將對加盟商提供專業的店鋪陳列手冊並委派市場專員對專賣店人員進行培訓指導。

服務培訓：公司將委派市場專員及高級營運顧問對專賣店人員進行一系列行銷服務培訓，為加盟商培養高素質的員工。

管理培訓：公司將提供高水準的店務管理流程及物料配送管理體系，並定期或不定期對專賣店店長及其他管理人員進行培訓，為加盟商培養優秀的管理人員。

2. 加盟××的三大承諾

一地一經銷：以保障經銷商的利潤發展空間。

　　廣告推廣：公司定期在電視、報紙等媒體上為加盟商做廣告支持，並長期為各店鋪作應季推廣及專賣文化活動的維繫。

　　活動促銷：公司企劃部在不同時段推出多種靈活、實用的促銷方案，以先進的經營手段促進店鋪銷售。

　　加盟申請表示例如下。

客戶檔案				
姓名		性別	□男　　□女	
居住地		年齡		
籍貫		學歷		
郵編		電話		
公司名稱		傳真		
公司地址				
資金狀況	□250萬以上　　□150萬～200萬　　□100萬～150萬 □50萬～100萬　　□30萬～50萬　　□30萬以下			
加盟詳情				
申請加盟地區				
市區人口	＿＿＿萬，其中常住人口＿＿＿萬，流動人口＿＿＿萬，人均年收入＿＿＿元			
有無意向店鋪	□有，面積為＿＿平方米，年租金為＿＿萬元，地段為＿＿ □暫時沒有			
申請加盟方式	□獨家代理　　□試營業　　□批發			
營業方式	□獨資　　□與人合股（股東人數＿＿人）			
當地休閒品牌				

續表

客戶檔案	
服裝經驗	
有無代理品牌	☐有，品牌名稱為＿＿＿＿，代理期限為＿＿＿＿ ☐無
經營非品牌 服飾經驗	☐批發　　☐零售　　☐無
如您未從事過服裝經營，請填下列內容	
請談一下您對連鎖經營的認識：	
請談一下您對休閒服行業的認識：	

　　如您有意加盟，您可以填好上表提交給我們，或直接與店鋪資源管理部聯繫，以便店鋪資源管理部人員作進一步的跟進，謝謝您的登記與加入，我們會根據您所提供的資料進行審核，確定是否符合開辦專賣店的基本條件。

3. 2006～2007 年度××品牌贏利模式預算

(1)單店贏利模式預算

　　經營內容：以租金店鋪、商場聯營專櫃專廳形態、經營××品牌所有商品，面積不低於 40 平方米為例。

①省會城市、直轄市。

商場專廳(以 40 平方米以上計算)
以統一零售價銷售:預計銷售收入120萬元/年,減去綜合平均扣點26%,薪資(4×800元/月×12月＝3.84萬元)
提成(1.5%),活動費、廣告費(2%)
實際銷售收入:80.76萬元
提貨成本均計4折,裝修費用均計3萬元,運雜費、差旅費等雜費1.2萬元
合計支出:44.2萬元
淨利潤:36.56萬元
以零售價8折銷售:預計銷售收入120萬元/年,減去綜合平均扣點26%,薪資(4×800元/月×12月＝3.84萬元)
提成(1.5%),活動費、廣告費(2%)
實際銷售收入:80.76萬元
提貨成本均計5折,裝修費用均計3萬元,運雜費、差旅費等雜費1.2萬元
合計支出:54.2萬元
淨利潤26.56萬元

②地級或中心縣級城市。

商場專廳(以 40 平方米以上計算)
以統一零售價銷售：預計銷售收入100萬元/年，減去綜合平均扣點25%，薪資(4×600元/月×12月＝2.88萬元)
提成(1.5%)，活動費、廣告費(1.5%)
實際銷售收入：69.72萬元
提貨成本均計4折，裝修費用均計3萬元，運雜費、差旅費等雜費1.2萬元
合計支出：44.2萬元
淨利潤：25.52萬元
以零售價8折銷售：預計銷售收入100萬元/年，減去綜合平均扣點25%，薪資(4×600元/月×12月＝2.88萬元)
提成(1.5%)，活動費、廣告費(1.5%)
實際銷售收入：69.72萬元
提貨成本均計5折，裝修費用均計3萬元，運雜費、差旅費等雜費1.2萬元
合計支出：54.2萬元
淨利潤 15.52 萬元

⑵單品店贏利模式預算表

單品店經營內容：以租金店鋪、商場專廳形態、經營××品牌單一商品，面積不小於 40 平方米。

商場專廳(以 40 平方米以上計算)
商場單品店預計銷售收入100萬元/年，減去綜合平均扣點，薪資(4×600元/月×12＝2.88萬元)
提成(1.5%)，活動費、廣告費(1.5%)
實際銷售收入：69.72萬元
提貨成本均計4折，裝修費用均計3萬元，運雜費、差旅費等雜費1.2萬元
合計支出：44.2萬元
淨利潤：25.52 萬元

4. 2006～2007 年度××品牌投入預算表

商場專廳、租金店鋪投入預算示例如下。

1.店鋪加盟保證金：5萬元	
2.首批淨提貨款：10萬元(以最低40平方米計算)	
3.租金店鋪租賃費：(以60平方米為單位)	
省會城市	60平方米×200元/平方米×12月＝14.4萬元 或60平方米×500元/平方米×12月＝36萬元
地級城市	60平方米×150元/平方米×12月＝10.8萬元 或60平方米×350元/平方米×12月＝25.2萬元
縣級城市	60平方米×100元/平方米×12月＝7.2萬元 或60平方米×250元/平方米×12月＝18萬元
4.商場專廳租賃費：(以40平方米為單位)	
省會城市	40平方米×300元/平方米×12月＝14.4萬元 或40平方米×500元/平方米×12月＝24萬元
地級城市	40平方米×200元/平方米×12月＝9.6萬元 或40平方米×400元/平方米×12月＝19.2萬元
縣級城市	40平方米×100元/平方米×12月＝4.8萬元 或40平方米×250元/平方米×12月＝12萬元
註：租賃費支付方式因地而異。	
5.店堂裝修費(包含傢俱)	
(1)60平方米×500元/平方米＝3萬元(實際投入1.5萬元) 　或60平方米×1000元/平方米＝6萬元(實際投入3萬元)	
(2)40平方米×500元/平方米＝2萬元(實際投入1萬元) 　或40平方米×1000元/平方米＝4萬元(實際投入2萬元)	

註：裝修費用根據店鋪實際情況及價格浮動。
公司給予支持政策，參照2006～2007年度傢俱支持政策（公司至少分攤50%）。
6.開業廣告投入：2萬～5萬元。
各類代理商、加盟商如需進行廣告投放，先行向公司提出書面申請。由公司審核同意後才可投放，每次補貼以60%為上限。
以公司廣告費一年內進貨淨額的3%為結算上限。
金額補助以6個月為單位，一年兩次。
7.辦證繳納相關費用、電話雜費等1.5萬元
8.除租賃費以外，其餘前期投入在15萬～28萬元左右

第三部份　2006～2007 年度市場管理與行銷政策

說明之一：本政策只適用於公司 2006 年 12 月 1 日前的各省級總代理，即所有新老加盟商。

說明之二：本政策自發佈之時起正式實施，以往政策如有抵觸，均以本政策為準。

1. 銷定位模式及適用區域

行銷定位模式：××品牌在本經營年度使用省級總代理制、加盟制、直營體系經營全國市場。

加盟制拓展區域：除以上區域外的所有區域及城市。

2. 2006～2007 業務分級及店鋪形態分類

客戶分級：地級加盟商（A 類）、單店加盟商（B 類）。

店鋪形態：單店——以專櫃、專廳或專賣店形態出現的經營××品牌所有商品的店鋪，店鋪面積不小於 50 平方米。

單品店——以專櫃、專廳或專賣店形態出現的專門經營××男裝、牛仔、休閒裝的店鋪，店面面積為 30～50 平方米。

3. 加盟審批流程

審批流程示例如下。

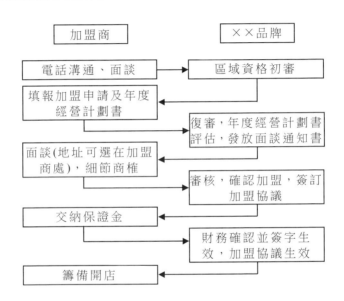

4. 加盟商的資質要求

⑴經營過或正在經營與××相類似品牌，熟悉當地牛仔休閒品牌競爭情況，有 1 年以上品牌加盟經營經驗。

⑵在簽訂加盟協議 2 月內有在當地主要商業街區或商場內黃金鋪位開店能力。

⑶能按照××品牌相關要求保持良好的資金信用，並配備店鋪運營管理人才。

⑷能按照××品牌相關管理要求認真執行並密切配合，及時回

饋當地市場品牌行情。

⑸守法經營,無不良經營記錄和行為。

5.加盟政策

(1)保證金及管理辦法

①保證金繳納額度。

以單店保證金 50000 元/店、單品店保證金 30000 元/店為標準計算。

地級加盟商(A 類)首付額度為 80000 元,如開店數量累計保證金額度超出首付,則按實際額度增補。

單店加盟商(B 類)額度為 50000 元。

單品店加盟商(B 類)額度為 30000 元。

②保證金管理辦法。

加盟商繳納的保證金應用於加盟商按規守法經營的保證,是自覺開拓、維護市場和規範經營行為的保證,不作為貨款的押金保證,各加盟商在經營中如有違規行為,公司按相應管理辦法進行保證金處罰;加盟商因特殊原因不能及時完整補充貨款的,可在事前填報資金信用申請單,申請並獲取批准最高不少於保證金總額 50%的貨款資金信用,該資金信用使用期限最長為 1 個月。

按加盟協議約定,加盟期滿後,如加盟商不再加盟,則在經過××業務部門、財務部門審核批准後,將加盟商實際存餘的加盟金在期滿 3 個月內予以返還。

(2)加盟授權範圍

如申請 A 類加盟商,則公司可授權其在以地市級為最高容量的區域範圍內加盟,加盟商可在該區域內自營開店或與加盟商合作開

店,可自由選擇開店類型。但在第一加盟年度內,開店數量及類型的基礎要求為:在首個加盟年度內需拓展單店兩個以上,單品店(或折扣店)1 個以上,加盟商欲獲得其他地市區域加盟資格,則須在經營滿 1 年後另行申請,其享有申請區域加盟的優先權。

如申請 B 類加盟,則公司只授權其經營指定店鋪,如欲獲得其他店鋪加盟資格,則須在經營滿 1 年後另行申請,其享有申請新店加盟的優先權。

⑶傢俱政策及服務流程

①2006～2007 年度傢俱支持政策。該政策適用於××品牌所有運營之終端店面;該政策執行期為 2006 年 8 月 1 日至 2007 年 7 月 31 日;該政策只適用於與××品牌簽約並獲得授權經營許可的業戶;在此經營期間違約或終止經營的業戶不享受此政策支持。

城市類別:一類城市,即直轄市、各省省會城市及計劃單列市;二類城市,即沿海地區地級市及中西部地區城市人口為 80 萬人以上城市;三類城市,即其餘城市。

政策類別:

城市類別	街店 >80個	街店 60～80個	街店 <60個	專櫃 >60個	專櫃 40～60個	專櫃 <40個
一類	A	A	B	A	B	C
二類	A	B	C	B	B	C
三類	B	C	C	B	C	C

政策支持：

政策分類	年進貨額(萬元)	分擔比例(%)	分攤年限(年)
A	＞75	100	2
B	＞60	75	2
C	＞40	50	2

其他店鋪：單店面積大於 150 平方米的店鋪，傢俱由公司直接贈送；各總代理開設的招商形象展廳，傢俱政策按 C 類標準執行。

②開店傢俱、道具、禮品服務流程。

家居服務流程。傢俱範圍：除模特、POP 陳列用品外所有店鋪傢俱；店鋪傢俱指定供應商：常規供應商為浙江飛翔鳥實業有限公司。所有店鋪必須使用公司指定供貨傢俱。

開店傢俱供應流程(參照開店服務及發貨流程)。傢俱驗收確認：需求方應在道具到貨 5 日內以傳真方式填報並回傳由需求方負責人簽字的傢俱、道具收貨確認單，作為家居支持政策執行依據，無此表格不予計算返款。

傢俱運費管理辦法：由××品牌行銷部指定汽車運輸，在正常供應期內到貨，所有運費由需方承擔；如因供應商或××品牌原因延遲供應，則由需求方與××品牌行銷中心商議發貨方式，所有超額運輸費用由××品牌承擔；超常延遲供應造成的需求方損失由××品牌行銷中心與需求方協商解決；如因需求方臨時變更標準等原因延遲供應，延遲責任由需求方承擔。

道具的服務與管理：道具範圍為模特、衣褲架、店鋪表單、應季陳列標準手冊、包裝品、噴繪品、POP、吊旗、其他形象陳列道

具。

費用承擔：需求方與××品牌各承擔 50%：POP、櫥窗、壁架、中島等處所用其他形象刀具；需求方 100%承擔：噴繪品、店鋪表單、衣褲架；按傢俱政策分攤：模特；××品牌贈送形象圖冊及應季陳列標準手冊、包裝品、吊旗。

發貨方式：凡需承擔費用的道具用品均遵循款到發貨的原則，由財務統一結算。所有道具除特殊情況外，均採用××品牌倉庫統一跟貨配發的方式，運費由需求方承擔。開業禮品贈送示例如下。

店鋪面積	贈送金額(元)
60平方米以下	2000
60～100平方米	3000
100平方米以上	4000

日常促銷用禮品的開發和使用：為統一品牌形象，嚴禁任何加盟商未經××品牌行銷中心許可自行開發促銷禮品(庫存除外)；所有促銷禮品均須由××品牌統一開發並配送，除××品牌贈送的禮品外，加盟商承擔所有禮品的運費及配發價費。

⑷貨品的供應管理

①貨品的供應。除加盟商自行訂貨、補貨貨品外，××品牌主要以配貨制為主進行貨品供應，××品牌客服部於每批次新貨到貨前 10 天內以電子郵件的方式將新貨的圖片、預計到貨期、配貨單、總計貨款傳送至加盟商預留郵件位址，加盟商在發貨前 7 日內無回饋意見的則按照該配貨單進行貨品配發。

貨品的供應折扣：A 類加盟商 4.3 折，4.7 折(含稅)；B 類加

盟商 4.5 折，4.9 折(含稅)。

②貨品的調換。所有商品如需調換，必須在商品到貨 40 天內填報換貨單，經××品牌客服部批准後予以調換。為支持新店營運，新店開店 3 個月可上浮調換率，最高換貨率為 50%。

③關於退貨。正常供應的貨品不予退貨；如貨品因面料品質、加工技術等原因導致無法銷售或消費者退貨，加盟商應積極處理，問題嚴重缺需退貨的，應填報退貨通知單併發回××品牌總部，由××品牌客服部從接貨之日起 5 日內回覆退貨質檢報告。凡確認退回貨品一概入庫，不屬於退回貨品範疇的貨品不予確認，隨下一批新貨一同返回。

⑸店鋪營運監督與管理

①××品牌所有終端店鋪均須接受營運督導、市場陳列人員的培訓與輔導，並透過定期、不定期的巡檢與考核，嚴格按照店鋪營運規範管理體系進行店鋪營運和管理。

②凡加盟商開店、營運期間所需的營運培訓、陳列，均須在需求期前 7 天內填報培訓、陳列需求單，經行銷中心審批後派員前往，其中派員區間交通費用由××品牌承擔，區內交通費、食宿費由需求方承擔。

③如各店鋪未按照《××品牌店鋪營運規範管理體系》及《VI標準手冊》進行店鋪營運和管理，則督導人員將下發限期整改通知書，並進行相應跟進處罰或管理。

⑹開店審批、 服務及發貨流程示例

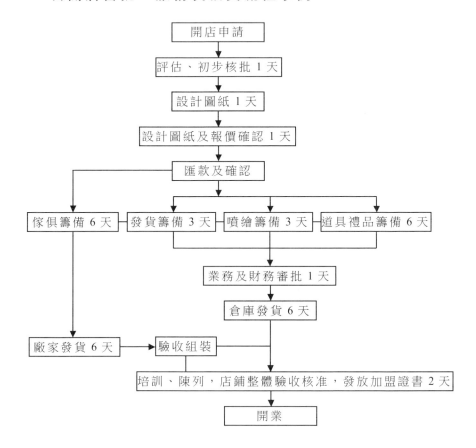

⑺開店支持政策

鼓勵任何加盟商在加盟區域內的一類商場、主要商業街區開設中大型專櫃或形象店鋪，並在廣告、促銷品、促銷政策、貨品調換率、傢俱等方面予以特殊優惠支持。

①城市類型。一類城市：直轄市、各省會城市及計劃單列市；二類城市：沿海地區地級市及中西部地區城市人口為 80 萬人以上

城市;三類城市:其餘城市。

②支持政策示例。

店鋪類型	一類城市:80平方米以上街店或60平方米以上專櫃	二類城市:100平方米以上街店或60平方米以上專櫃	三類城市:100平方米以上街店或80平方米以上專櫃
廣告補貼	年進貨額的5%	年進貨額的4%	年進貨額的4%
贈品	按開店贈品政策上浮20%	按開店贈品政策上浮10%	按開店贈品政策上浮10%
促銷政策	按統一發放的政策上浮10%	按統一發放的政策上浮5%	按統一發放的政策上浮15%
貨品調換率	上浮20%	上浮15%	上浮10%
傢俱政策	年進貨額達到90萬元可一年100%分攤	年進貨額達到90萬元可兩年100%分攤	年進貨額達到80萬元可兩年80%分攤

(8)進貨額度管理

①各類型店鋪進貨額度要求示例。

店鋪類型	A	B	C
年最低進貨額(萬元)	75	60	40

②年進貨額管理。年進貨額超過規定額度 10%的,將予以總進貨額 2%的返利,以充抵貨款方式實現;年進貨額超過規定額度 50%以上的,將予以總進貨額 3%的返利,以充抵貨款方式實現;連續 2年進貨額不滿以上額度將取消加盟資格;特殊原因導致無法實現

的,需加盟商另行申請調整。

(9)關於加盟商違規經營行為的管理

①違規行為的範圍:未經許可不執行統一零售價、未經授權私自開店或跨區域經營、未經許可使用商標或形象用品、店鋪內經營其他商品等。

②違規行為的管理:以上嚴重違規行為一經查實,將給予嚴重警告和處罰,情節嚴重者將取消加盟資格直至追究法律責任。

(10)促銷活動的管理

××品牌企劃部將定期發佈終端促銷活動方案,並給予參與活動的加盟商適當補助,各加盟商可根據當地實際情況自行選擇是否參與及參與店鋪,但以下各大型促銷活動必須參加:耶誕節、元旦、春節、品牌年慶、勞工節、國慶日、情人節、愚人節等。如與當地商場活動衝突,需提前向行銷中心申請,獲得批准後方可執行。

各加盟商必須如實填報促銷禮品、物料使用清單,如發現及證實有作假行為,則取消活動資格並給予嚴重警告,該活動所有補助及費用由加盟商自行承擔。

(11)銷售數據及貨品數據管理

①自 2007 年 1 月 1 日起,所有 A、B 類店均須按照統一 POS 系統的要求並網銷售,並配合對該系統維護。

②店鋪銷售報表提交要求:每週一、三、五上午 10:00 前提報日銷售報表按照報表內容詳細填報,並確保準確性;各銷售網站需提報日銷售報表負責人姓名、聯繫電話等信息;提報的報表格式見統一配發的資料;提報方式為傳真,報表接收人為××品牌行銷部。

③對於不配合以上行為的加盟商的管理：凡不按規定加入 POS 系統或長期不配合提報日銷售報表的，將視情節分別給予警告、嚴重警告、取消加盟資格的處分。

第四部份××品牌加盟協定

註：本加盟協議並非與××品牌招商加盟手冊內容成對應關係，在此僅提供加盟協議範本，以供參考之用。

第一章　授權許可的內容、區域、範圍、期限

第一條　甲方授權乙方為地區××品牌休閒裝銷售加盟商，特許乙方在規定的區域內設立專賣店或指定商場從事直營零售××品牌休閒裝並使用其品牌標誌。

第二條　乙方可在上述地區，按照甲方提供的統一商標、字型大小、經營方式及銷售通路政策從事××品牌休閒裝的經銷活動。

第三條　乙方在授權區域內不得經營與甲方授權品牌同類型（即對甲方授權商品有明顯的爭奪終端購買者）的商品。不得使用在甲方的品牌標誌及形象下經營其他休閒裝類商品。

第四條　甲方不得在乙方被授權地區向任何第三方進行同樣業務的授權（乙方無法達到甲方終端形象建設及銷售要求時除外）。乙方未經甲方書面同意，不得在授權區域以外的任何地方開設賣場或經營同樣業務。

第五條　授權期限自本合約簽訂之日起＿＿年有效。即自＿＿年＿＿月＿＿日起，＿＿年＿＿月＿＿日止。

第二章　業務範圍

第一條　乙方須按照甲方提供的市場建設方案，在規定的期限

內實現品牌形象的終端建設及相應的銷售計劃。

1.乙方必須建立直營專賣店、店中店。

2.乙方必須按照甲方要求完成商品的系列組合上市。每季新品上貨比例不低於＿＿%品種。

3.甲方要求乙方完成進貨量為＿＿＿＿＿件。

第二條　商品及所有 POP 用品、經銷牌、DM 手冊、贈品及相應道具等須按照甲方提供的賣場陳列方案進行排列或使用，乙方須按甲方提供的各類賣場鋪貨品種數，完成對直營核心賣場及重點賣場的商品、櫥窗、道具、廣告物品的陳列。

第三條　乙方在售賣中必須執行甲方規定的銷售指導價格(甲方規定的區域差價除外)。

1.零售價：執行甲方規定的地區統一指導價。

2.促銷價：大型的促銷活動乙方必須執行甲方規定的統一促銷價。

第三章　費用

第一條　加盟保證金

乙方須在本合約簽訂之日起＿＿日內，將加盟保證金＿＿＿萬元匯入甲方指定帳號。

第二條　品牌推廣建設費

1.甲方承擔費用項目：

(1)全國範圍的品牌廣告。

(2)重點城市戶外及媒體廣告。

(3)區域市場廣告支援費。

(4)賣場空間設計費用。

(5)賣場空間佈置所需海報、DM 手冊及各類標貼等廣告物品的費用。

(6)賣場空間佈置所需 POP 的設計費用。

2.乙方承擔費用項目：

(1)區域廣告費。

(2)賣場裝修費。

(3)商場收取的入場、贊助費。

(4)營業人員的置裝、培訓、體檢及保證金。

(5)賣場空間佈置所需 POP 按甲方設計要求製作。

(6)賣場用品等其他雜費。

第三條　廣告費

1.甲方自行計劃的廣告活動及執行費由甲方承擔。

2.乙方地區內的大型看板廣告及經甲方許可的其他廣告設計費由甲方承擔，執行費由雙方協商解決。

3.經甲方同意的賣場特賣活動的策劃、設計費用由甲方承擔，執行費用由乙方承擔。

4.乙方賣場所駐商場統一執行的廣告活動涉及的所有費用由乙方承擔。

第四條　運費

1.正常業務下發往乙方的所有商品運費由乙方承擔。

2.由於甲方操作失誤導致的錯發運費由甲方承擔。

第四章　進貨、調貨、退貨

第一條　乙方每次進貨須詳細填寫訂貨申請單，經傳真至甲方有效收件人，經甲方核實資金信用情況後在雙方協定的交貨期內準

時發貨。

1. 甲方收到訂單後給予乙方明確的交貨期答復。

2. 發貨後甲方在第天將發貨通知單傳真至乙方。乙方在收到貨後，須立即驗收並在發貨通知單上簽字確認，回傳至甲方。

第二條 乙方在經營活動中產生的商品庫存原則上由甲方承擔（初次上貨的商品有不動銷情況的全部調貨，有再次補單的品種不予調貨），但乙方的進、銷、存情況須隨時上報甲方，甲方隨時有權對乙方庫存商品進行調整，但樣品、使用過及非正當途徑購進的商品不得調退。

第三條 由於甲方生產原因導致的批量品質問題商品，乙方可執行退貨或降價處理。

第五章 責任與義務

第一條 甲方的責任與義務

1. 為統一形象，所有廣告事務將由甲方策劃、委託製作，提供宣傳海報、單張 POP、展板、告示、派發傳單及標誌等。

2. 提供乙方有關經營××品牌的相關資料。

3. 向乙方提供有關賣場的標準設計及裝修要求。

4. 提供乙方品牌專賣證明書及相關手續。

5. 為乙方市場管理人員及核心店員工提供培訓課程及輔導。

6. 為幫助乙方有效推廣業務，甲方須定期提供最新的貨品及營業資訊。

7. 提供區域市場推廣方案及相關材料。

8. 向乙方提供經營管理的最新技術、知識、指導及員工培訓的服務。

9.定期向乙方公佈商品銷售動向、區域市場動態及商品分類狀況。

10.定期派出市場督導人員對乙方市場營業標準、價格、商品進銷存及特賣情況等進行監督輔導。

第二條　乙方的責任與義務

1.乙方必須合法經營甲方授權商品。

2.乙方須按甲方提供的設計及規定裝修終端賣場，並負責其費用。

3.在簽訂本合約時立刻確定經營甲方商品的操作人員，並向甲方推薦合適的員工接受培訓。

4.乙方必須按甲方的要求執行大型市場促銷、價格調整及特賣活動。

5.乙方須按規定使用甲方提供的授權合約文本、信紙、商標、招牌、廣告。

6.乙方自己制定的廣告或推廣材料如出現甲方名稱、商標、有關圖片、文字時必須事先得到甲方的書面同意，以保持甲方的聲譽及形象。

7.乙方須定期向甲方上報商品進銷存報表、市場營業報告及競爭品牌的市場動向。

8.乙方必須對甲方提供的市場計劃、商品資料、培訓教材、經營技術、各類報表、檔案、供貨價格、商品組合、促銷方案等一切有關××品牌經營的文件、資訊保密，否則視為違約。

37 特許經營培訓的類型

　　企業的培訓是多因素、多層次的，培訓的分類也是多標準的。對培訓進行分類，可以為企業確定培訓目標、對象，制定培訓計劃和課程標準，組織與實施教學、評估等提供依據。

　　根據培訓對象、時間、內容、地點等方面的不同，特許經營培訓大致可以從以下幾方面進行劃分：

一、按照培訓對象分

　　培訓是成功特許經營的核心所在，是特許人發展計劃的重要組成部份。特許經營在某種意義上可視為在其他營業點複製成功的運營模式，這依賴於知識和技能的有效傳播，而培訓正是保證知識和技能有效傳播的關鍵所在。培訓將培養受許人成功運營項目所必需的技能、知識和態度。

　　除了受許人之外，在特許經營體系內部還有另外三類人需要特定的培訓，他們是特許人、特許人的員工以及受許人的員工。儘管極少有人會像重視對受許人的培訓一樣重視對這些人的培訓，但對成功的特許經營而言，對這些人的培訓和對受許人的培訓一樣關鍵。所有層次的培訓都是特許人的責任。

1. 特許人

特許人必須始終知道管理一個特許經營體系的新方法。他必須與特許經營市場內的變化所產生的需要保持同步，以使體系保持警惕與充滿活力。受許人對特許人提供指導與支援，並投入了金錢與信任。特許人有責任與市場和新管理實務保持同步，以滿足受許人的期望。

2. 特許人的員工

特許人的員工必須持續地改進技能，以和其顧客即受許人保持一種有意義的、積極的關係。每一個和受許人接觸的員工，無論是透過電話、郵件還是面對面接觸，都必須理解該顧客的需要與期望並擁有能滿足他們需要的必需技能。特許人經常把重點放在培訓開發與區域運營職能上，卻忽視了那些和受許人發生業務關係的員工。這些員工包括接待人員、會計人員、廣告與行銷人員、法律人員以及其他部門的人員。

3. 受許人

為了保證特許經營體系的成功複製，受許人必須掌握如何運用特許人成熟的經營模式來運營他們的單店。這個培訓必須包括日常運營的所有方面。如果某個問題的重要性足以寫進運營手冊裏，那麼它就足以放進培訓日程表裏。受許人加入到特許經營體系時帶有大量可能有助於其成功的背景和經驗，但不會有人加入特許經營體系時就帶有運營特許人項目的專有知識。全面的培訓可以保證受許人理解並願意留下來遵循特許人的指導。

對受許人的培訓應該包括兩個方面：

(1)處理特定業務所需的基本業務技能

其內容包括會計、報告方法和系統、員工選擇、員工管理和控制、業務程序、控制經營所必需的記錄系統以及使受許人能夠分析其業務中是否存在問題和該如何應對的技能。

特許人建立的會計系統應該能夠持續不斷地產生受許人所必需的財務管理信息，使其能及時地認清自身狀況。沒有它，受許人就不能準確地認識到他的業務表現究竟如何。從信息中會反映出某種趨勢和壓力，如果可以正確面對，那麼受許人就能較早地採取恰當的行動來解決問題。

該財務信息也被提供給特許人，以使特許人能夠瞭解受許人的業務狀況並從而為其提供有關的執行指導。但在實際中並不是所有的特許人都能夠提供這種服務。

有關員工選擇、員工管理與控制的培訓，受許人需要學習的基本技能有：與應聘者會談，評估他們的能力並在工作中培訓受聘者。操作者們在很大程度上是憑經驗行事的，然而為缺乏經驗者提供指導以幫助他們是必需的。如果已經有經驗的受許人將他的經驗與指南結合起來應用，那麼他就會發現其所取得的成果遠遠超過他單憑經驗所獲得的。

特許人將會把設計和準備好的特定表格提供給受許人，受許人必須將其作為他所做的報告的一部份來完成。這些表格的設計要能展示受許人的經營狀況以及應在那些方面進行改良。強制受許人填寫這些表格有一個合適的理由，這些歸納整理出來的信息對受許人來說不是無用的數據，對受許人的管理工作來說也不是一堆廢紙。

受許人應該接受培訓以使他有能力發現業務經營中存在的問

題，在必要的時候他可以無須等待來自特許人的支援就採取行動解決問題，這樣可以避免或減少因時間拖延而帶來的不必要的成本損失。

(2)業務操作層面的培訓

受許人還必須接受業務操作層面的培訓。舉例來說，在一個速食特許經營中，受許人就將會被教授速食的單份控制、品質控制、準備方法、任何一種特別的食譜或特別的操作程序。所有的受許人都會加入一所培訓學校以接受這些項目的培訓。

最重要的是，無論特許人是否有培訓學校，受許人都必須在培訓後具備連續自如地完成自己企業各項工作的能力。

4.受許人的員工

受許人的員工，即那些實際擔負把產品與服務提供給顧客的人。受許人的員工需要詳細與持續的培訓，這些人代表特許經營品牌形象，是為特許經營的品牌增值和決定某位顧客是否會回頭的「大使」。如果這些人得不到良好的焙訓和不能勝任其工作，那麼特許經營體系中的其他任何人被培訓得再好也沒有用。

對受許人的員工培訓主要包括店長培訓和店員培訓。店長培訓主要是針對特許經營單店管理人員進行的培訓活動，旨在提高其人際溝通能力、協調管理能力、處理緊急問題能力等，開設的主要培訓課程包括：人際關係技能、信息溝通、團隊建設等。店員培訓主要是針對特許經營單店一般店員所進行的以崗位基礎和基本操作技能為主要內容的培訓活動。店員培訓包括新進員工培訓、轉崗培訓等，開設的主要培訓課程包括：貨品管理、銷售技巧、服務禮儀等。

特許經營培訓的最大特點是體系完整，一般一個培訓項目可能只涉及企業中一部份人，例如管理層，但是特許經營培訓卻需要從特許人的高度對整個特許經營體系中的所有人進行培訓，這也正是特許經營培訓與其他企業培訓的主要區別。

自 2004 年 6 月，速 8 高層管理者深知，對品牌品質的管理和協助受許人取得成功是速 8 在長期發展的戰略，培訓是協助速 8 受許人達到該目標的重要保障。為此，速 8 投入了大量的人力、物力和財力建立起了一套完整和成熟的培訓體系，承擔著對速 8 品牌的維護和向受許人提供酒店運營支援的重要職能。

速 8 培訓體系共分為 4 個級別，針對不同的管理人員和員工：

1. 業主培訓

業主必須在酒店開業前完成為期 6 天的基礎培訓課程。

2. 總經理管理認證培訓

酒店總經理必須在酒店開業前完成為期 2 週的酒店管理培訓課程。

3. 部門經理管理認證培訓

酒店部門經理或管理人員必須在酒店開業前後的 60 天內完成為期 2 週的部門經理管理培訓課程。

4. 員工培訓

由酒店總經理負責，新員工入職培訓必須在酒店開業前 2 週或員工入職後 1 週內完成。部門崗位培訓必須在酒店開業前或員工入職後 60 天內完成，培訓為期 60 天。

二、按照培訓時間分

特許經營培訓按照培訓時間可以分為：開業前培訓和後續(開業後)培訓。

1. 開業前培訓

開業之前可能是培訓密度最大的時期。大多數特許經營體系要求至少一週時間，有的甚至達到 300 小時。這種培訓一般既有課堂講授，也有現場實踐。培訓內容包括特許經營體系規劃、僱用、採購、銷售、廣告、企業管理、現金及存貨控制和生產/運營方式等。開業前的培訓是為了提高受許人的經營能力，使之更加勝任單店管理的角色。這個培訓有利於特許經營體系的推廣，招募更多受許人，因為受許人之所以選擇加盟特許經營體系，就是因為缺乏在某個行業內經營的專業知識。另外，開業前培訓也會給特許人增加成本。

2. 後續培訓

特許人對受許人進行後續培訓並沒有統一的模式。有些特許人在開業前培訓之後就再也沒有其他培訓項目了；有些則在特許人和受許人季、半年或年度會議時提供培訓；有些特許人則在需要時就受許人當前感興趣的話題舉行研討會。一些大型的國內或國際特許經營體系則制定計劃在總部或受許人所在地進行定期培訓。

特許人有責任不斷改良操作程序，以最新和最好的技術向消費者提供產品/服務。特許人還負責開發新產品/服務，或改良現有產品以滿足顧客需求的不斷變化。而要保持特許經營體系的精簡、更

新和有效，持續培訓是傳遞相關知識和技能的理想方式。

督導在後續培訓中扮演著重要角色，他們在單店與受許人共同工作，為之提供專家諮詢，給予現場管理和運營建議，提供教學視聽材料，充當新思想在特許體系內流通的管道。

後續培訓是特許人在體系內引入新產品/服務或新流程時的主要辦法。由於它對受許人有實際幫助，所以對穩定特許人與受許人的關係非常有利。

速 8 酒店的培訓體系旨在支持與協助受許人組建起自己高效、專業的酒店管理團隊，透過最佳的經營管理和良好的顧客服務體驗向市場提供有價值的產品，以使受許人的酒店收益最大化。

1. 開業前的培訓支援

培訓總監致電即將開業酒店的業主和總經理，向他們介紹速 8 培訓服務支援和培訓體系，與酒店的管理者建立起良好的合作關係，並在一週內向酒店發送「速 8 新員工入職培訓工具包」（包括速 8 品牌與文化介紹、「乾淨、友好」服務、儀表儀容、電話禮儀、安全教育和培訓範本/表格等），以協助酒店的經理在開業前的 30 天內使用該培訓工具對酒店全體員工進行入職培訓。

速 8 的受許人和酒店管理者在酒店開業前後所規定的時間內必須分別完成速 8 培訓體系中的「業主培訓」、「總經理管理認證培訓」、「部門經理管理認證培訓」和「酒店員工培訓」4 個級別的培訓課程。

2. 開業後的培訓支援

速 8 培訓部與各酒店的培訓負責人（通常為酒店總經理）保持定期溝通和交流，隨時聽取酒店在培訓方面的需求，並針對各酒店

在運營和服務中所出現的問題和需求提供相應的在線培訓支援。

速 8 培訓部的培訓專員在酒店的總經理和部門經理完成管理認證培訓課程後的 2 個星期內分別致電他們，跟進培訓後的落實工作和提供後續服務，確保培訓內容與酒店的實際運營緊密銜接。

三、按照培訓內容分

按培訓內容分類，特許經營培訓可以分為知識培訓、技能培訓、態度培訓。

1. 知識培訓

知識培訓是特許經營企業最基本的培訓，其主要任務是幫助員工掌握必要的基礎知識和專業知識，以及對員工已擁有的知識進行補充和更新，以適應新的工作環境和滿足新的工作需要。例如對特許經營體系中所有人開展的特許經營理念培訓和產品知識培訓。

2. 技能培訓

技能培訓是特許經營企業最核心的培訓，其任務是幫助員工掌握和運用實際操作技能的能力，其目的是使員工將知識轉化為執行力。技能培訓的對象主要是店長和店員。例如，肯德基的員工要學習如何製作漢堡包、如何炸薯條，這就屬於技能培訓。

3. 態度培訓

態度培訓是特許經營企業最根本的培訓，它幫助員工實現觀念和價值觀的轉變和調整，使員工能夠融入到特許經營企業的文化中，培養他們積極向上的工作態度和具備良好的思維及行為模式。態度培訓難度最大，也最重要。

四、按照培訓地點分

按培訓地點分，特許經營培訓可以分為現場培訓和非現場培訓。

1. 現場培訓

現場培訓是指在工作現場，對店內員工進行培訓。這類培訓有利於受訓者將所學內容立即進行現場演練，使培訓者及時發現問題，根據訓練情況及時調整培訓進度和方案。適合現場培訓的主要是操作性較強的技能培訓課程。

2. 非現場培訓

非現場培訓一般包括戶外拓展訓練、課室講解、網路培訓等不在單店現場開展的各種培訓形式。這類培訓的優點是可以按照培訓者的需求合理佈置培訓環境。培訓工具選擇範圍廣，培訓形式多樣化。例如在課室內可以用多媒體設備觀看短片，透過網路可以實現即時在線培訓等。

心得欄 ----------------------------

----

38 象王連鎖洗衣店的培訓中心

象王洗衣在上海專門建立了洗衣培訓中心，該中心為兩層商鋪式建築，面積 200 餘平方米。

一樓為對外營業的單店兼學員實習基地，單店中配備象王出品的最新乾洗、水洗、烘乾、整燙全套設備，提供學員實務操作的環境。

二樓是先進的多媒體教室，擁有無線遙控電腦教學系統。每位學員各自有一台電腦，練習操作櫃台收發衣物的實際過程，使櫃台人員從收衣禮儀、收衣輸入電腦到客戶取衣等全過程均能進行實踐操作。在這之後，學員再到一樓單店實際對外接待顧客，收發衣物。

二樓的整燙教室中有多台象王出品的旋風式燙台及經驗豐富的專業老師指導，學員從認識面料到各種面料需要氣量的大小及熨斗溫度、整燙流程、整燙技巧、整燙標準等都能進行實物操作，讓學員從理論到實際都能真正掌握整燙技術。

培訓中心二樓還設有特殊汙漬處理教室，擁有多台象王出品的特殊汙漬處理台和象王生產的特殊汙漬處理專用劑。由擁有多年實務經驗的老師講解汙漬的種類、汙漬形成的原因、判別汙漬的方法、汙漬處理的技術與技巧、應用處理劑的方法。這些方法都一一透過示範並讓學員親自動手操作加以掌握。

培訓中心除了培訓各崗位的專業人才外，也培訓店長、店經

理，對其教授單店的行銷技巧，使加盟店得到全面的支持。

象王洗衣在開店和營業的不同階段提供給受許人七大培訓項目，包括：

1.開店前的網路培訓

加盟象王后立即安排網路學習課程，受許人可以自己安排學習時間和地點（免費課程）。

2.開店前的基礎培訓

加盟店開業前必須指派員工學習前臺、洗衣、熨衣等工作，為期 15 天，必須通過考試，考試合格才能開店營業（免費課程）。

3.新開店的到店培訓

加盟店新開業時，總部會指派一位到店老師，為加盟店提供 15 日的帶店指導服務。

帶店指導服務的主要項目為前臺服務作業、洗衣去汙作業、熨衣作業、營運行銷管理等（收費課程）。

4.營業中的到店培訓

加盟店在營業中，依據各自不同的需求，可以向總部提出申請到店培訓服務，每次最多 15 天（收費課程）。

5.營業中的基礎培訓

加盟店在營業中，依據各自不同的需求，可以向總部提出申請回到總部培訓基地上培訓課程（免費課程）。

6.營業中的進階培訓

總部每年安排定期管理課程、行銷課程及專業技術課程等，加盟店可以依據各自不同的需求，可以向總部提出申請回到總部上進階培訓課程（收費課程）。

7.營業中的網路培訓

加盟店在營業中，依據各自不同的需求，可以自行選擇課程學習，不限時間及地點（免費課程）。

表 38-1 所列示的培訓項目中，既有態度方面的培訓（例如品牌意識、服務意識課程），又有知識（例如面料識別、衣服分類課程）和技能（例如熨燙衣服實際操作課程）方面的培訓。

表 38-1　象王洗衣總部提供的受許人培訓課程項目

課程		開店前的網路培訓	開店前的基礎培訓	新開店的到店培訓	營業中的到店培訓	營業中的基礎培訓	營業中的進階培訓	營業中的網路培訓
到店培訓		★	★			★		★
品牌意識、服務意識		★	★			★		★
基礎專業知識及各崗位操作技能	面料識別、衣物分類	★	★			★		★
	品牌、洗標識別	★	★			★		★
	原材料的使用特性	★	★			★		★
	櫃台收衣打單	★	★			★		★
	櫃台覆核包裝	★	★			★		★
	櫃台報表填寫	★	★			★		★
	水洗流程	★	★			★		★
	乾洗流程	★	★			★		★
	洗衣設備的使用	★	★			★		★
	特殊汙漬的處理	★	★			★		★

續表

基礎專業知識及各崗位操作技能	熨燙的基本原理	★	★			★		★
	各類衣物的熨燙技巧	★	★			★		★
	皮衣的清洗和保養	★	★			★		★
操作實習	櫃台收衣、包裝、取衣		★	★	★	★		
	洗衣實際操作		★	★	★	★		
	熨燙衣物實際操作		★	★	★	★		
	特殊汙漬的處理		★	★	★	★		
單店日常管理		★	★	★	★	★		★
設備的使用和維護		★	★			★		★
溝通技巧和案例分析		★	★			★		★
商圈及顧客管理							★	
行銷規劃							★	
損傷衣物案例分析及修補							★	

39 麥當勞的漢堡大學

企業辦大學在當今世界已不新鮮。然而，麥當勞自辦高校，目前卻是天下獨一份。麥當勞最早創辦漢堡大學的想法源於克洛克的所謂「細節說」。他曾經指出：「一個經營得法的餐廳就像一個獲勝的棒球隊那樣，它充分發揮了每個隊員的才能並利用每一剎那的機會來加快發球……」因此，「我強調細節的重要性」。做好細節，這就是麥當勞模式，因而需要全體員工認真學習和付出大量勞動。

1. 漢堡大學的發展

受伊利諾州麥當勞格林維爾餐廳利用地下室，率先自發為店內員工講授商業經營管理課程的啟發，克洛克下決心推廣此模式。漢堡大學的建立構想是來自特納和卡羅斯。卡羅斯認為，麥當勞必須製造出一種教室氣氛，才能更有效地向速食加盟者及其員工系統地灌輸相關經營哲學和理論，而「這些都是在各個店中所辦不到的」。於是，1961 年 2 月，在克洛克的全力支持下，他們以 2.5 萬美元的開辦費，創立了美國速食業自辦的第一所高等學校——漢堡大學，這所大學設在伊利諾州麥當勞艾爾克樹林村餐廳的地下室，即所謂的「地下大學」。

麥當勞創辦漢堡大學之後，美國的許多媒體對此都進行了報導。其中大部份媒體認為它純屬一種花樣翻新的促銷手段，並未給予格外關注。直到美國著名三大廣播公司之一的哥倫比亞廣播公司

所屬的全國電視網介紹了麥當勞的全天侯正式培訓系統時，才使得漢堡大學聲名遠揚。

最初漢堡大學的辦學規模很小。具體表現為，平均每年只有 10 名左右學員，而第一期畢業班僅有 3 名學員。從 1963 年起，在校學員人數開始增加，達到平均每班有 25～30 人，而學制也相應延長，達到每年上課 16～20 週。此外，克洛克正式認命了一位大學校長，並且為學校增加課程、擴充設備、聘請教授、設置獎學金等，一套完整的教學體系漸成規模。

1983 年 10 月，漢堡大學遷址重建，搬到位於伊利諾州奧克布魯克的麥當勞公司總部附近。這所永久性校址總共投資 4000 萬美元，佔地 80 英畝，內有兩個頗大的人工湖，風景秀麗。

如今，漢堡大學一般設立 8 個專修班和 12 個研究班，每年累計畢業 3000 多名學員，學員來自全國各地，還有的來自美國以外的一些國家和地區。在日本和澳大利亞，由於麥當勞登陸較早，在速食業中的勢力較大，故相應的強化培訓機構也很發達。日本的漢堡大學有 4 名教授，每期招收學員 30 名左右，教學內容主要包括餐廳經營方面的知識和技術。其中初級班學制為 10 天，學員從麥當勞公司正式員工中選派，均為在速食連鎖店門市幹滿 3 個月且表現良好，有一定發展前途，他們畢業後再回店任職或升遷。

相比之下，澳大利亞的漢堡大學也毫不遜色。在雪梨澳大利亞麥當勞總部對面，1989 年建成的麥當勞管理培訓中心，前後兩年耗資 700 多萬澳元，號稱南半球最先進的速食培訓機構。在校學員不僅有最低一級的餐廳服務生，還有各部門的高級經理。

2. 漢堡大學的培訓對象

漢堡大學首先是培養麥當勞部門經理和餐廳老闆的地方。因此，在這所美國速食業的最高學府，很重要的一部份學員便是那些獲准成為麥當勞夥伴的速食連鎖加盟者。

按照一般審批流程，麥當勞公司總部對全球範圍內有意開店的投資者首先要進行嚴格的評估。透過評估的人還要自費參加 1200學時 (9 個月) 的首期強化培訓，而只有培訓合格即從漢堡大學畢業、取得漢堡學士學位的人，才能最終獲准開業。

漢堡大學的生源中有渴望成為自營店主的律師、牙醫、工程師、退休軍官、職業足球運動員等。透過一定階段的強化培訓，這些未來的餐廳經理們便能在走馬上任之前，初步學會製作及供應漢堡包的技術；懂得調配食物、維護設備、採購、廣告、人事管理、品質管理及公共關係等基本的知識和運作；知道如何應對顧客和員工。

麥當勞有個規矩：所有僱員不僅上崗前要接受培訓，而且在其以後的速食職業生涯中，還要定期「回爐」深造，接受若干次再培訓。這一點對於麥當勞白領來說，更是如此。如麥當勞規定，工作一線人員的培訓時間為 20 小時，餐廳經理至少需培訓 2000 小時。但這樣長時間的培訓任務並不是一次完成的，而是採用「回爐」的辦法，使他們重入漢堡大學學習來累積實現。

在實踐中，有幸重返漢堡大學接受再培訓，可以說是很不容易的。因為麥當勞對各級經理人員採用相當嚴格的淘汰制度，致使能過五關斬六將者寥寥無幾。例如在美國，一名餐廳經理在一家速食店工作 6 個月後，經公司嚴格審核通過，才能獲得漢堡大學的再入

學資格。難怪麥當勞有句口頭禪：經理們一旦重入漢堡大學，就成了麥當勞所謂「頗為傑出與不凡的一群人」。漢堡大學也因此成為「剛加入麥當勞家庭的新持照人、經理、副經理一爭長短、互較優劣的地方」。漢堡大學就像一架「人才機器」，源源不斷地培養和造就出適合麥當勞事業迅速發展的各類人才。

日本麥當勞自 1972 年建立漢堡大學以來，至今已碩果累累。對於普通員工，凡被上級認為有發展前途者，便被選送進日本漢堡大學深造，作為餐廳副經理的候選人進行培養。這類學員在校期間，主要學習各類食品的製作方法、銷售管理、原材料品質及庫存管理、餐廳衛生安全管理、勞務管理、利潤管理和資訊管理等課程，考試成績優良，取得畢業資格者將被授予漢堡學學士學位。

對於餐廳經理來說，回爐深造的途徑之一，則是進日本漢堡大學高級班。在那裏，這類學員主要學習勞務管理、設備構造及原理、全盤性經營管理、技術革新及新產品的普及等課程，畢業後由校方頒發漢堡學碩士學位。20 世紀 80 年代，日本麥當勞反客為主，在美國本土建立一家麥當勞速食連鎖店，從此，日本麥當勞在員工培訓方面，又適時增加了赴海外考察和實習的新項目。日本麥當勞規定：凡正式員工在麥當勞服務滿 5 年，便可由公司出資去日本麥當勞在海外設有分店的進行考察。與此同時，公司還每年選派 5～6 名日本麥當勞餐廳的經理，去其在美國的分店研修。

3.漢堡大學的師資

麥當勞自辦高校以來，就一直對各類師資的任教條件從嚴掌握。如校董事會規定：凡具備擔任漢堡大學教授資格者，必須曾擔任過麥當勞地區分公司副經理以上職位，否則根本不予考慮。前漢

堡大學校長布裏克魯茲就是典型一例,對此他深有體會。布魯克魯茲於 1966 年 5 月加入麥當勞,不久擔任一家餐廳經理,繼而升任地區訓練督察,負責管理華盛頓地區的 48 家速食連鎖店。在他的努力下,麥當勞在這一地區成績出色,所以布魯克魯茲也得到公司器重,於 1969 年被選派進入漢堡大學再度深造。3 年後任該校教授,後任該校校長。

另外,在配合正課教學方面,漢堡大學還經常聘請客座教授開設專題講座,以豐富在校學員的知識。例如,該校先後請專家演講保險、顧客研究和店面改良等專業題目,使廣大學員受益匪淺。

4.漢堡大學的培訓設施

漢堡大學著重創建一流的教學設備,充分做到「硬體」實用,且緊緊跟上現代社會迅速發展的科學技術水準。為了適應課堂教學,該校購置了最先進的視聽設備,裝修了最新式的、可容納 750 名學員同時受訓的 7 間大教室。每間教室都有由電腦控制的自動錄音、記分器材及專供外國學員使用的翻譯設備。每間大教室還附有一間影片放映室,配有 24 小時自動控制預置教材的操控裝置。在影片放映室內,不僅可以播放電影和幻燈片,而且可以拍攝電影、錄製錄影帶。公司總部在這裏製作各種教學片下發。

為了適應實習教學,該校還設置了 4 個設備齊全的實驗室,形式完全模仿真實的麥當勞餐廳,內有全部餐廳用具,旨在使學員在校期間能夠做到從入室聽課到餐廳實踐的迅速轉化。在實驗室內,學員可以實地操作麥當勞的各種制式機器和設備,如多種飲料罐裝系統、奶昔機、煎盤、烤爐及電腦控制的炸薯條系統等。另外,學員每天在實驗室內接受各項實習課測驗,包括消毒設備、食品材料

的成分構成、食品的有效時間、食品的烹飪時間以及單店手冊上提到的相關事項等。

在教學資料方面，漢堡大學的圖書館中，保存著各類教學影片可供學員隨時調看。

5.漢堡大學的課程設置

最初漢堡大學的課程通常為兩週左右，上午為在校學員的正課時間，主要學習如何選擇馬鈴薯、如何配置漢堡包肉餅的成分、如何拆卸及安裝奶昔機等基本功。下午則是學員的實習時間，他們全部來到餐廳一層店面各崗位頂班操作，以鞏固所學知識。

漢堡大學的開課範圍很廣，從生產力研究到機器設備維修，應有盡有，不一而足。其中許多課程的學歷已被美國政府教育部門所承認，故可列入美國相應大學或研究所的正式學分系列。目前，該校主要開設兩類課程：一類稱初級課程，即 BOC(basic operations course)；另一類稱高級課程，即 AOC(advanced operations course)。

BOC 以一般管理人員為教學對象，為期 5 天。目的是訓練他們掌握製作方法、生產及品質管理、行銷管理、作業及資料管理、利潤管理等。例如，學員必須瞭解漢堡包、蘋果派、奶昔等食物及飲料的有關情況和數據，並學習現金管理等基本知識。

AOC 則著重培訓更高階層的管理人才，為期一週。主要內容包括：原料的認知、設備的維修、餐廳管理、人事關係、服務管理、財務分析、提高利潤的方法等。涉及人數較多，通常每年約有 2500 名學員前來受訓。

這兩類課程的基礎教材都是麥當勞那本厚達 350 頁的單店手

冊，全書共分為三個部份，即食物配製、設備維修和管理技巧，內容翔實，面面俱到，教學時可根據學員的不同情況決定增刪取捨。此外，在校學員不論學習那類課程，都要平均每兩天參加一次理論知識測驗或考試，以便使校方瞭解學員對所學課程接受和掌握的程度。成績優秀者，可在畢業典禮上獲得獎章。

為了適應不斷變化的趨勢，漢堡大學的課程也經常根據國內經濟和社會的發展變化情況進行調整。正如布裏克魯茲擔任校長時所說：「我們正設法提高經管理人員的素質，讓他們不是僅僅知道有關漢堡包的種種問題而已。」例如，20世紀70年代初期，針對麥當勞員工隊伍迅速擴大、各類人員構成趨向複雜的現實，漢堡大學及時增加了一門新課程——「員工與我」，並且在教學過程中組織學員，重點研討「動機」和「溝通」兩個新課題。

總之，自開辦以來，漢堡大學的綜合教學體系從無到有、從弱到強，已經向廣大學員成功地灌輸了麥當勞的精神與品質。這一點，就連麥當勞在美國速食業的對手都看得十分清楚。

麥當勞的員工培訓有著一套標準化模式，從新入職員工的試工培訓到正式進入工作崗位的初級訓練，再到作為一名「船長」的經理培訓，以及針對高層管理人員的漢堡大學課程，都有著詳細的課程內容和明確的訓練目的。可以說，麥當勞的培訓貫穿了員工個人職業生涯發展的全過程。

1. 新員工試工培訓

在大多數公司，新員工第一天上班就會領到一套新工作服，然後經理會告訴他做什麼。然而，這種情況在麥當勞是絕不可能發生的。

(1)企業文化的灌輸

新員工接受訓練的第一課是「麥當勞企業文化教育」。

新員工在麥當勞餐廳需要學會的東西太多了，點餐、收銀、接待顧客等。但在學會這些東西之前，新員工訓練的第一個目標就是讓他們熟悉麥當勞的企業文化。

對面試合格即將到麥當勞餐廳上班的新員工來說，對自己能夠成為麥當勞的一員抱著很大的期望，但同時又因為對麥當勞沒有多少預備知識，對今後自己到底與那些人一起工作、到底會幹些什麼工作等感到很迷茫。為此，麥當勞透過試工教育，向新員工灌輸「麥當勞文化」，消除他們的迷茫，促使其帶著巨大的憧憬投身到即將開始的工作中去。

按照麥當勞的規定，對第一天來上班的新員工必須進行試工教育，透過觀看麥當勞 VTR 以及介紹規章制度、作業崗位和店鋪、辦公室等呈現店鋪的第一印象，讓新員工對麥當勞是個什麼樣的企業、其宗旨和奮鬥目標是什麼、對員工有些什麼樣的要求以及今後自己即將在什麼樣的環境中工作等方面有所瞭解。

首先，訓練員會特別強調麥當勞的經營原則：「品質、服務、清潔、價值」（QSCV）。在開始訓練時，新員工總會聽到訓練員這樣說：「麥當勞的最高目標便是讓顧客的要求得到滿足」、「為了實現這個目標，所以我們有 QSCV」、「讓顧客享受到 QSCV 的最高境界，就是我們服務員的工作」。

其次，訓練員還會告訴新員工，只要能夠提升麥當勞在附近社區的形象，任何事情都可以做。例如，堅持高品質固然重要（即品質），但見到顧客就要微笑（即服務），或者看到一根火柴掉在地上

就要立即撿起來(即清潔)，也是同樣重要的。

(2)新員工試工教育的步驟

在新員工接觸和初步熟悉麥當勞文化之後，訓練的第二個目標就是要求新員工為獨立承擔工作責任而做好準備。

訓練員會告訴這些新員工，所有新加入麥當勞的僱員將來都有可能成為負責全店管理工作的「計時組長」(相當於門市部副經理資格)，甚至成為經理。因此，具有一定的獨立承擔工作責任的能力是非常重要的。

《麥當勞工作手冊》規定，麥當勞的新服務員稱作見習員，必須接受上崗前的嚴格訓練。新招聘的見習員在擔任服務員之前，必須完成基本操作課程的訓練。

下面是麥當勞對新員工進行試工教育的具體步驟：

① 零工管理總賬的記入；

② 僱用合約書的製作，記入內容和印章的確認；

③ 同意書和身份證(是否未滿 18 週歲)的確認；

④ VTR(麥當勞歡迎您)的觀看；

⑤ 薪資卡的製作和說明；

⑥ 訓練表的製作和說明；

⑦ 掛在胸前的標牌的製作和說明；

⑧ 訓練流程的說明；

⑨ 日程表的說明；

⑩ 薪資的說明(時新和發薪資日等)；

⑪ 時薪和評價的說明；

⑫ 儀容和衛生管理的說明；

⑬店鋪各項規定的說明；

⑭揭示板的說明；

⑮結合工作和店鋪的說明進行店內嚮導；

⑯向其他負責人進行介紹；

⑰接受新零工的提問。

(3)對店鋪制度的介紹

麥當勞新員工手冊對麥當勞的各種規章制度進行了詳細的介紹，是新員工瞭解麥當勞的重要途徑，以下是其主要內容：

①歡迎來到麥當勞；

②什麼是麥當勞；

③基本經營理念：商品高品質＋服務高水準＋環境清潔；

④作息制度；

⑤薪資制度；

⑥儀容；

⑦經理的指示；

⑧有關操作；

⑨介紹朋友、提案制度；

⑩麥當勞歡迎您；

⑪在麥當勞工作的好處。

(4)「船員」的第一天

麥當勞的服務員都被稱作「crew」，即「船員」的意思，這個稱呼使新來的見習員感到他們與所有的夥伴都是一條船上的工作人員，而航行的安全關鍵在於全體水手之間形成良好的默契，具有完美的溝通、配合和協調能力。《麥當勞工作手冊》要求每個第一

天跨進餐廳工作的見習員都能感染上這種氣氛。

麥當勞通常根據計劃來實施對見習員的試工教育。在試工教育的當天，訓練經理會根據新員工的人數準備好工作服和教材，最初的 30 分鐘一般是邊看麥當勞的 VTR，邊進行企業概要和規章制度的說明，然後是餐廳環境的介紹。

對於一個進入新集體從事新工作的員工來說，其適應速度和熟練程度會因人而異，因此試工教育除了在新員工上班的第一天集中進行以外，在以後的 1～2 個星期的實際工作中也不斷地由經理或訓練員見機實施，直到新員工能夠完全融入麥當勞的集體中去為止。

2.員工初級培訓

每名新員工從第一天起就被安排一名老員工帶著，進行一對一地訓練，直到新員工能在本崗位上獨立操作。麥當勞餐廳的每個崗位都有一定的上崗標準，達到標準的員工才會被正式通知上崗。

完成了試工教育的員工在正式進入工作崗位時，首先要接受崗位培訓，培訓分為基礎訓練和營業清閒期訓練兩個部份，由零工訓練員根據 SOC 規定實施。以下是麥當勞餐廳初級員工訓練的步驟：

(1)作業崗位的說明

(2) SOC 的說明

SOC 即 Station Observation Checklist，全稱是崗位工作檢查表，麥當勞把餐廳服務系統的工作分成 20 多個工作站。例如煎肉、烘麵包、品質管理、大堂管理等，每個工作站都有一套 SOC。SOC 詳細說明在工作站時應事先準備和檢查的項目、操作步驟、崗位第二職責及崗位注意事項等。員工進入麥當勞後將按照操作流程

逐項實習，透過各個工作站的考核後，表現突出者晉升為訓練員，
然後由訓練員負責訓練新員工，訓練中表現好的可以晉升到管理
組，也就是說從最基層的實踐培養起，台階式地逐級提升。

下面舉例介紹幾項 SOC 中的具體要求：

①與顧客打招呼。

「當顧客進店時，首先要打招呼，要做到聲音洪亮、語氣親切、
口齒清楚，還要注意說話速度。」訓練員結合自己的工作經驗，向
新員工說明怎樣做才能使來店顧客有賓至如歸的感覺。

「你一定聽說過微笑服務吧？那是麥當勞的名言！親切的招
呼聲和燦爛的微笑對顧客來說是一種享受。」訓練員對微笑服務進
行了詳細的說明後，又告訴新員工最好能夠記住熟客的長相和名
字，在熟客來店時能夠馬上認出他或叫出他的名字，那顧客一定會
很愉快。

②準備食品和收銀。

「在進行所需食品籌備時，首先要對商品進行準確無誤的收
集。這是很重要的！」訓練員對主要作業的操作要領進行了簡單易
懂的說明，還時不時地親自示範給新員工看。

接著訓練員又說明瞭有效的推薦方法以及遞交商品、收銀時的
注意點。「遞交商品時，要將紙袋折成兩層，商標要面向顧客，如
果託盤裏的商品很多，那麼要注意將託盤輕輕地滑向顧客一方，這
樣飲料等就不會灑出來了。」

「輸入銷售金額後，將紙幣攤開來確認後再找錢，大面額的紙
幣必須放進收銀機抽屜的最深處。」訓練員在進行操作要領的解說
時，總是會不斷地觀察一下身邊的新員工，以確認他們是否已經理

解。

③清潔衛生。

「在工作之前必須洗手。先用流水將手肘以下的部份打濕，沾上洗滌劑後再用刷子刷，尤其要注意指縫部份，用流水沖洗後再用紙巾擦乾，最後不要忘記用消毒酒精消毒。」

「另外，千萬不要用圍裙擦手，因為細菌是無法透過肉眼看到的。」向新員工灌輸衛生知識，教育新員工養成正確的衛生習慣是訓練員的一項重要任務。

⑶工作實踐與指導

講解完 SOC 要求之後，訓練員會親自指導新員工實踐。

例如現在正好有一對母子手牽手地進入餐廳，訓練員馬上微笑著迎上去：「歡迎光臨！請問您要點些什麼？」「一個巨無霸漢堡，一個冰激淩，要草莓的。」在訓練員正忙著收錢和遞交商品時，又有一位顧客走了進來，於是訓練員對新員工說：「這位顧客就由你來接待吧！」也許是第一次，新員工的服務顯得有些生疏，臉上的笑容也有點僵硬。訓練員就站在旁邊，以便可以在新員工一個人應付起來困難時去幫一把。沒過多久，新員工臉上的微笑開始變得自信起來，手腳也漸漸麻利起來了。訓練員不失時機地讚揚：「嗯！不錯，進步很快！」

⑷疑難問題的解答

透過一段時間的獨立操作練習，訓練員會和新員工交流實踐體會。一位新員工可能會遇到各種各樣的問題，例如「對顧客的點菜要求沒聽清楚的時候該怎麼辦？」、「飲料和薯條準備好後，漢堡包卻賣光了，這個時候該如何處理？」、「如果小孩子一個人來店，應

該特別注意什麼？」等。訓練員會認真解答新員工提出的每一個問題，甚至還會提一些問題以檢查新員工對操作要領的掌握程度。

(5) SOC 檢查

初級訓練的最後一項內容是訓練員對新員工的操作進行檢查。這時訓練員會靜靜地站在新員工身旁，一邊檢查新員工的操作，一邊將檢查結果記入 SOC 表格。

SOC 檢查是一個反覆持續的過程，直到新員工的操作完全達到 SOC 的要求。

3.經理培訓

在麥當勞取得成功的人，都有一個共同的特點，即從零開始，腳踏實地。學會炸薯條、做漢堡包，是在麥當勞走向成功的必經之路。如果沒有經歷各個階段的嘗試，沒有在各個工作崗位上親自實踐過，那麼又如何以管理者的身份對屬下的員工進行監督和指導呢？

在麥當勞，從收付款到炸薯條、製作各式冰激淩，每個崗位上都會造就出未來的餐廳經理。

(1) 18 個月成就餐廳經理的模式

「公平競爭，能者居上」，麥當勞以這樣的一種態度對待公開應聘的每個人。麥當勞實行一種快速晉升的制度：一個剛參加工作的年輕人，最快可以在 18 個月內當上餐廳經理，可以在 24 個月內當上監督管理員。晉升對每個人是公平合理的，既不做特殊規定，也不設典型的職業模式。每個人主宰自己的命運，適應快、能力強的人能迅速掌握各個階段的技術，從而更快地得到晉升。這種制度同樣能避免有人濫竽充數，在每個級別的經常性培訓中只有獲得一

定數量的必要知識，才能順利通過階段考試。公平的競爭和優越的機會吸引著大量有文憑的年輕人到此實現自己的理想。

一個有文憑的年輕人要當 4～6 個月的實習助理。在此期間，他們以一個普通班組成員的身份投入到公司各個基層工作崗位，如炸薯條、收款、烤牛肉等。在這些一線工作崗位上，實習助理應當學會保持清潔和最佳服務的方法，並依靠他們最直接的實踐來積累實現良好管理的經驗，為日後的管理實踐做準備。

第二個工作崗位則更具有實際負責的性質：二級助理。這時，他們在每天規定的一段時間內負責餐廳工作。與實習助理不同的是，他們要承擔一部份管理工作，如訂貨、計劃、排班、統計等。他們要在一個小範圍內展示他們的管理才能，並在日常實踐中摸索經驗，協調好他們的小天地。

在進入麥當勞 8～14 個月後，有文憑的年輕人將成為一級助理，即經理的左膀右臂。與此同時，他們肩負了更多更重的責任，每個人都要在餐廳中獨當一面。他們的管理才能日趨完善，離他們的夢想——晉升為經理也越來越近。

有些人在首次炸薯條之後不到 18 個月就將達到最後階段。但是，在達到這夢寐以求的階段前，他們還需要跨越一個為期 15 天的小階段。這個階段本身也是他們盼望已久的：他們可以去漢堡大學進修 15 天。

(2)店鋪經理需要接受的培訓

麥當勞訓練部設有許多課程，就經理人員來說，見習經理有一套 4～6 個月的課程，著重於基本應用，主要採用開放式、參與式討論，培養不同的行動能力；升到二副時有一套基本管理課程；升

到一副時有一套中級管理課程；當了三年餐廳經理，就有機會去美國，接受高級的應用課程培訓；再繼續升遷，就做營業督導，同時管理幾家店；再上升是營業經理，管理一個地區。每一步晉升總是和培訓聯在一起，培訓注重的是實際效果，強調實際應用。

麥當勞培訓課程的設計非常明確，首先是操作性的培訓，其次才是管理性的培訓。要升到經理這一層次，會接受大約 2000 小時的培訓，學習內容包括：餐廳的營運管理知識、會計及財務、人力資源、餐廳的設計與設備的管理和安排、公共關係、市場行銷推廣、品質控制等多種培訓。

除了培訓經理外，麥當勞也為餐廳的員工提供理論與實踐訓練，以使他們能勝任不同工作崗位上的技術要求。麥當勞已分別建立了培訓中心，為各層次的經理和員工提供相應的訓練課程，並努力創造一種終身不斷學習的環境。

4.受許人培訓

每位麥當勞的加盟店店主，都必須在申請加盟後先到一個麥當勞餐廳工作 500 小時，然後再到漢堡大學學習關於麥當勞的經營方針和管理問題的輔導課程。

在餐廳計劃開業前的 4～6 個月，加盟店店主要到漢堡大學學習一些高級經營課程，以增加店主所需要的管理技巧和經營訣竅。這些課程都有助於受許人認真貫徹麥當勞的一致性品質要求，使受許人從一開始就提供高品質的產品與服務，而麥當勞的名聲和信譽也不會因此而受損。

透過對受許人進行適當培訓，可以達到以下效果：

(1)在整個公司全體員工中建立共同的價值觀；

(2)強化各個特許分店的獨立性；

(3)提高受許人的工作積極性和工作意願；

(4)在儘量短的時間內培訓出合格員工，降低員工的流動率；

(5)對市場的發展變化和多樣化進行不間斷的考察，以保持市場敏感性；

(6)保證所有食品和服務的品質，做到食品品質一流、服務品質一流。

40 奧康戰略不斷成功的助推器

作為中國鞋業的首所企業大學，奧康大學為中國鞋業人才的培養無疑起到了不可估量的作用。面對經濟危機，企業紛紛裁員、縮減成本的情況下，奧康又掀起了新一輪的學習風潮——奧康大學第三期 EMBA 班順利開課。到底什麼是奧康集團組織學習的驅動力？奧康大學的路將走向何方？經濟危機下奧康實施了什麼樣的人才戰略？

1. 戰略轉型催生奧康大學

當很多企業還在探討「培訓是否必要」、抱怨「培訓投入為何經常收不回來」的時候，一些知名企業已紛紛成立自己的企業大學。作為一家民營企業的老總，奧康集團董事長對人才培養的重視程度可謂非同一般。他認為，人才是企業持續發展的原動力，只有

解決好後備人才問題，企業才能持續健康發展。

隨著奧康集團近幾年的快速發展，越來越感覺到人才瓶頸的壓力。

為了最大限度地培養適合自身企業文化的人才，為企業的持續發展注入活力，奧康集團在成立講師團的基礎上，決定成立企業大學。「奧康集團創辦自己的企業大學，就是要培養更多的『冠軍』人才，然後讓這些『冠軍』人才再培養帶出更多的『冠軍』人才！雖說奧康大學屬於企業大學的後來者，但我們要將奧康大學建成亞洲一流的企業大學和人才基地。」

2007 年 1 月 15 日，對外宣佈了奧康大學的成立。同時，確定了為企業戰略發展培養「奧康化、專業化、職業化、國際化」人才，「打造行業黃埔軍校、培訓企業精英人才」的使命。其具體的任務是：基於奧康的戰略與文化構建奧康集團內部系統培養四化人才的平臺；基於奧康大學平臺來貫徹奧康的戰略和推行奧康的文化；基於人才培養體系來打造奧康健康而有生命力的組織能力；長期、系統地提升管理團隊及其他員工的職業素養；透過個性化課程的設計和培訓有針對性地解決公司存在的問題；作為企業團隊溝通的重要平臺，同時產生新的商業智慧；提升奧康產業價值鏈的價值。奧康大學成為企業提升綜合競爭力的法寶、培養人才的搖籃。

奧康大學的建立，體現了人才戰略的高瞻遠矚，順應了人才國際化戰略的需要。

2. 奧康大學發展的四部曲

奧康大學將與世界知名教育培訓機構一起合作，成為企業和國內同行業人才培養和輸出基地，朝著世界一流的企業大學和人才基

地的方向發展而不遺餘力。總體發展規劃分四部曲：

第一部曲：立足於培養奧康職業化人才。

第二部曲：立足於培養產業價值鏈人才。

第三部曲：立足於培養制鞋行業的人才。

第四部曲：立足於培養中國社會的人才。

未來最成功的企業必定是學習型組織，因為未來企業唯一持久的優勢，就是比自己的競爭對手學習得更快。奧康大學將在提升企業應變能力、取得持久競爭優勢上不懈探索和努力。

3.奧康大學的學院設置

奧康大學下設四個學院：領導力學院、市場行銷學院、連鎖專賣學院和生產技術學院，致力於培養高層管理人才、市場行銷人才、連鎖專賣精英、生產技術骨幹以及儲備幹部人才。

(1)領導力學院

領導力學院建立於 2007 年初，為奧康大學四大學院之一。學院致力於透過企業領導者之間及其與名師專家的深度交流以提升企業的組織能力；自主研發核心領導力模型與課程體系對照，為企業培養立足本土、面向世界、適應全球經濟一體化趨勢，具有參與國際合作與國際競爭能力的領導人才，進而推動奧康集團學習型組織的建立。

領導力學院以課程項目為依託培養幹部的核心能力，主要發展 EMBA、EDP 課程以及豐富的內訓諮詢項目。典型的領導力學院學生具備五大領導力，即前瞻力、感染力、創新力、執行力和公信力。

奧康領導力學院的發展目標分解為三個階段：

①近期目標(實現期：2 年)：為奧康培養精英經營管理人才。

②中期目標(實現期：5 年)：為奧康培養卓越領導者和具有全球思維的精英管理人才。

③遠景目標(實現期：10 年)：為奧康以至中國企業高層管理人員提供世界一流的系統管理教育，為奧康以至中國培養一批能夠屹立於全球的世界級領導者和精英管理人才。

奧康領導力學院的課程特色是秉承獨特視角、激發辯論、國際思維、務實有效的宗旨設定課程體系，邀請國內外最具管理前沿視角的行業專家與學員深度溝通，最新、最豐富的以解決問題、激發思維為導向的特色企業案例庫，尤為強調項目實踐學習法以推動學習進步，獨特的學員貼身跟進考核方案敦促學習成效轉化。

(2)市場行銷學院

市場行銷學院旨在貫徹行銷戰略，滲透企業文化，培養行銷精英，傳播先進的、科學的行銷思想。「誠信、創新、人本、和諧」作為奧康集團的核心價值觀，同樣也是奧康大學市場行銷學院的人才培養目標。誠信：作為與消費者接觸最近的行銷人員，我們必須將顧客作為上帝，首先就要誠實守信，給顧客最好的產品和服務；創新：行銷有別於銷售，它不再是簡單的買賣行為，面對競爭日益激烈的市場，我們必須不斷創新，形成競爭優勢才能在商場中立於不敗之地；人本：行銷是人與人之間的交易行為，我們行銷行為更要研究人的需求，不僅是簡單地研究產品本身，行銷人員更要思考如何與人交流，減少溝通成本，使利益最大化；和諧：在大力提倡創建和諧社會的前提下，每個社會團體都應要求自己的小團隊和諧發展，行銷價值鏈是一個典型的需要和諧共處的團隊，採購、物流、銷售終端任何一個環節發生問題都會導致整個行銷行為的失敗。因

此，處於市場行銷的不同崗位的人員都要對整個價值鏈環節瞭若指掌。

(3)連鎖專賣學院

連鎖專賣學院是針對連鎖專賣店的培訓和諮詢機構。奧康大學連鎖專賣學院的使命是：打造連鎖專賣航母，培養連鎖專賣精英；致力於培養優秀的連鎖專賣管理人才，以滿足集團公司全球化發展對連鎖專賣管理人才的迫切需求；為奧康集團五大品牌提供一流的培訓項目、能力發展和諮詢服務，以使他們在連鎖專賣管理方面的提升適應集團公司全球化的需要。

奧康大學連鎖學院具有三大特色：

第一，在國內首創連鎖專賣模式，引進世界最新行銷理念，中西合璧，學院擁有30000多個實習崗位、200多名經驗豐富的諮詢師和培訓師。此外，還與其他許多培訓及諮詢機構合作，包括著名的高等學府和業界夥伴。

第二，為學員量身訂制了完善的培養方案。有階段、分層次地進行培訓。將課堂理論知識與崗位實習相結合，將學到的知識迅速運用到實踐中。

第三，考核方式多樣化。不但包括考核理論知識的筆試測驗，而且還要檢驗在工作崗位上的實際操作能力及理論知識的運用能力，透過軍訓、戶外拓展等測試學員的整體素質。

(4)生產技術學院

生產技術學院致力於培養生產管理型人才和生產技術骨幹，以滿足奧康集團飛速發展對生產管理人才的需求。學院使命是立足於同行制高點，面向整個制鞋行業，傾力打造行業生產管理黃埔軍校。

在對內服務方面，生產技術學院將為奧康集團培養一批批優秀的生產管理人才，提高生產管理隊伍整體的管理素質和水準；源源不斷地成功培育和輸送生產技術骨幹，為奧康集團業績持續快速增長提供原動力，助推「百年奧康、全球品牌」目標的實現。在對外服務方面，生產技術學院將面向整個行業，致力於為提高行業生產管理水準服務，打造中國第一製鞋生產管理人才培養、輸送基地。

生產技術學院的三大特色是：

第一，本著為製造行業培養優秀人才的目的。生產技術學院以生產為重點，以研發為龍頭。培養生產人員應該具有的學習觀，培養研發人員形成創新的思維模式。

第二，學院擁有一批有豐富實踐經驗的專家、教授和三大培訓實習基地，可以、接納 3000 人進行實踐教學，在製鞋行業內擁有較高的知名度和美譽度，與陝西科技大學、溫州職業技術學院、重慶工貿職業技術學院等院校建立了合作辦學關係。

第三，不斷搜羅國內外最新的研發理論與創新思維，並邀請研發技術前沿專家講學，提高研發水準。

4.奧康大學的課程體系

奧康大學的課程體系包括：EDP 課程體系、EMBA 課程體系、MBA 課程體系、新員工入職課程體系、終端導購培訓課程體系、連鎖專賣學院課程體系和生產技術學院課程體系。

(1) EDP 課程體系

表 40-1 EDP 課程體系

序號	課程名稱	課時	教學方式
1	中國經濟運行分析與管理經濟學	36課時	案例研討+課堂教學
2	企業戰略管理	36課時	案例研討+課堂教學
3	企業決策	36課時	案例研討+課堂教學
4	公司治理	36課時	案例研討+課堂教學
5	戰略人力資源管理	36課時	案例研討+課堂教學
6	組織行為學與領導藝術	36課時	案例研討+課堂教學
7	組織變革與組織設計	36課時	案例研討+課堂教學
8	財務報表分析	36課時	案例研討+課堂教學
9	資本運作與公司控制	36課時	案例研討+課堂教學
10	市場行銷	36課時	案例研討+課堂教學

(2) EMBA 課程體系

表 40-2　EMBA 課程體系

序號	課程名稱	課時	教學方式
1	財務報表分析與經營決策	36課時	案例研討+課堂教學
2	公司理財與財務戰略	36課時	案例研討+課堂教學
3	人力資源管理	36課時	案例研討+課堂教學
4	組織行為管理	36課時	案例研討+課堂教學
5	領導藝術	36課時	案例研討+課堂教學
6	運營管理	36課時	案例研討+課堂教學
?	行銷管理	36課時	案例研討+課堂教學
8	戰略管理	36課時	案例研討+課堂教學
9	企業兼併與重組	36課時	案例研討+課堂教學
10	管理經濟學	36課時	案例研討+課堂教學
11	拓展訓練、學員互動、團隊建設	36課時	戶外拓展
12	國際企業管理	36課時	案例研討+課堂教學
13	專題講座論壇	36課時	名家講座/考察交流

(3) MBA 課程體系

表 40-3　MBA 課程體系

序號	課程名稱	課時	教學方式
1	會計學	36課時	多媒體、案例教學
2	財務管理	36課時	多媒體、案例教學
3	戰略管理	36課時	多媒體、案例教學
4	管理資訊系統	36課時	多媒體、案例教學
5	管理經濟學	36課時	多媒體、案例教學
6	市場行銷	36課時	多媒體、案例教學
7	組織行為學	36課時	多媒體、案例教學
8	人力資源管理	36課時	多媒體、案例教學
9	生產與運作管理	36課時	多媒體、案例教學
10	高級管理學	36課時	多媒體、案例教學
11	商務英語	36課時	多媒體、案例教學
12	財務報表分析	36課時	多媒體、案例教學
13	物流與供應鏈管理設計	36課時	多媒體、案例教學
14	宏觀經濟學	36課時	多媒體、案例教學
15	跨國企業經營管理	36課時	多媒體、案例教學
16	市場調查與預測	36課時	多媒體、案例教學
17	管理溝通	36課時	多媒體、案例教學
18	證券投資分析	36課時	多媒體、案例教學

(4)新員工入職課程體系

表 40-4　新員工入職課程體系

序號	課程名稱	課時	課程類別	課程對象
1	榮為奧康人成就百年夢	2課時	心態類	行政人員
2	軍事化訓練	24課時	體能類	全體新進人員
3	心態決定命運	4課時	心態類	全體新進人員
4	奧康成功之道	3課時	管理類	行政人員
5	奧康戰略管理	2課時	管理類	行政人員
6	中國制鞋行業環境分析	2課時	綜合類	行政人員
7	奧康人事管理	2課時	人力資源類	行政人員
8	奧康薪酬激勵	2課時	人力資源類	行政人員
9	員工職業生涯規劃	2課時	人力資源類	行政人員
10	奧康績效管理	2課時	人力資源類	行政人員
11	奧康培訓管理	2課時	人力資源類	行政人員
12	奧康財務報銷管理	2課時	財務管理類	行政人員
13	協同辦公軟體操作	2課時	資訊管理類	行政人員
14	員工禮儀與行為規範	2課時	基本技能類	行政人員
15	如何擁抱公司	2課時	基本技能類	行政人員

續表

16	奧康集團審計	2課時	管理類	行政人員
17	奧康集團法務	2課時	管理類	行政人員
18	奧康時間管理	3課時	管理類	行政人員
19	奧康會議管理	2課時	管理類	行政人員
20	奧康行銷管理	3課時	市場行銷類	行政人員
21	奧康品牌管理	2課時	市場行銷類	行政人員
22	奧康採購管理	3課時	市場行銷類	行政人員
23	奧康物流管理	3課時	市場行銷類	行政人員
24	奧康市場管道管理	3課時	市場行銷類	行政人員
25	奧康研發管理	2課時	設計類	行政人員
26	奧康生產技術流程	3課時	生產類	行政人員
27	情緒管理與壓力管理	2課時	管理類	行政人員
28	奧康集團業務鏈	2課時	管理類	行政人員
29	鞋材知識	2課時	生產類	全體新進人員
30	新團隊熔煉	12課時	戶外拓展類	行政人員

(5)終端導購培訓課程體系

表40-5　終端初級導購培訓課程體系

序號	課程名稱	課時	內容要求
一、心態類			
1	奧康企業文化	2課時	瞭解奧康發展史、品牌定位
2	導購職業素質與心態	2課時	樹立導購員職業化態度
二、專業技能類			
1	規範服務禮儀	3課時	禮儀規範、微笑服務、統一形象
2	行業及商品知識	4課時	行業知識、鞋子製作過程、皮質的認識
3	產品展示技巧(陳列基礎)	4課時	商品陳列、店堂皮具等陳列
4	主推款推廣(每季更新一次)	2課時	主推款的認識及介紹術語
5	配套產品使用說明	1課時	掌握配套產品的使用方法
6	專賣店銷售標準術語	1課時	基礎銷售中運用的標準術語
7	銷售技巧	4課時	瞭解需求、推薦介紹、處理顧客異議、促成交易
8	突發事件處理	2課時	專賣店突發事件管理
9	倉庫的整理	2課時	保持倉庫的整潔和有序
10	專賣店配貨手冊	2課時	把握配合的原則和技巧
11	夢想之歌、感恩的心手語版	1課時	會唱會做
12	全員消防	1課時	專賣店基本消防知識
三、管理技能類			
1	專賣店日工作流程	2課時	瞭解本職工作
2	專賣店員工手冊(百分制)	1課時	認識終端店堂制度及百分制

表 40-6　終端中級導購培訓課程體系

序號	課程名稱	課時	內容要求
一、心態類			
1	角色定位與職業發展	2課時	導購職業素質與心態
2	如何建立團隊	3課件	初步瞭解到團隊的建立
二、專業技能類			
1	產品展示技巧(色彩基礎)	3課時	色彩基礎
2	新品亮點提煉(每季更新一次)	3課時	尋找產品的亮點的重要性
3	主推款推廣(每季更新一次)	2課時	主推款的認識及介紹術語
4	服務技巧進階(售後服務)	2課時	如何處理顧客投訴
5	銷售技巧進階	3課時	掌握顧客的心理,恰當地呈現產品價值
6	奧康VIP卡推廣	2課時	VIP卡的認識、推廣
7	POS操作	1課時	POS收銀及店堂基礎操作流程
8	淺談物流	2課時	初步瞭解終端物流操作
9	英語手冊(初級)	2課時	銷售中基礎英語口語
10	生命彩虹	1課時	會唱會做
三、管理技能類			
1	專賣店人員工作職責	2課時	清楚在專賣店中每個人的工作職能
2	專賣店員店堂制度	2課時	終端店堂工作制度

表 40-7　終端高級導購培訓課程體系

序號	課程名稱	課時	內容要求
一、心態類			
1	角色轉換職業生涯規劃	2課時	店長角色認識和職業發展規劃
2	團隊協作	2課時	如何傳幫帶新人
二、專業技能類			
1	陳列進階	4課時	款式與搭配、櫥窗佈置與貨品展示
2	服務技巧進階	2課時	忠誠顧客的特別服務
3	銷售技巧進階	4課時	如何做好附加銷售、如何拉近與顧客的關係、如何施加壓力達成銷售
4	新品亮點提煉(每季更新一次)	3課時	尋找產品的亮點的重要性
5	主推款推廣(每季更新一次)	2課時	主推款的認識及介紹術語
6	奧康物流	3課時	終端的物流操作
7	成本控制	3課時	專賣店成本控制
8	財務知識	2課時	專賣店財務知識
9	英語手冊(中級)	2課時	銷售中中級英語口語
三、管理技能類			
1	專賣店手冊	3課時	瞭解專賣店整體操作
2	賣場氣氛管理	2課時	保持賣場良好的氣氛

(6)連鎖專賣學院課程體系

表 40-8　連鎖專賣學院課程體系

課程類別	序號	課程名稱	課時
崗前培訓類	1	會計學	36課時
	2	財務管理	36課時
崗前培訓類	3	戰略管理	36課時
	4	管理資訊系統	36課時
	5	管理經濟學	36課時
	6	市場行銷	36課時
	7	組織行為學	36課時
	8	人力資源管理	36課時
	9	生產與運作管理	36課時
專業技能類	10	高級管理學	36課時
	11	商務英語	36課時
	12	財務報表分析	36課時
	13	物流與供應鏈管理設計	36課時
	14	宏觀經濟學	36課時
	15	跨國企業經營管理	36課時
	16	市場調查與預測	36課時
	17	管理溝通	36課時

續表

課程類別	序號	課程名稱	課時
管理技能類	18	證券投資分析	36課時
	19	團隊管理	4課時
	20	會議管理	3課時
	21	高效溝通管理	4課時
	22	目標計劃管理	3課時
	23	時間管理	3課時
	24	管理角色認知	3課時
	25	7S管理	3課時
督導培訓	26	專業督導訓練	3課時
	27	目標管理	3課時
	28	教練技巧	3課時
	29	衝突管理	3課時
	30	TTT培訓	4課時
	31	卓越領導素養	3課時
	32	輔導技巧	3課時
	33	授權管理	2課時
	34	面試與甄選	2課時

(7)生產技術學院課程體系

表 40-9　生產技術學院課程體系

課程類別	序號	課程名稱	課時
通識類課程	1	奧康成功之道	4課時
	2	奧康人事管理	2課時
	3	奧康戰略管控	3課時
	4	員工禮儀與形象	3課時
	5	非財務人員的財務管理	3課時
	6	公文寫作	2課時
	7	辦公自動化技能	3課時
	8	心態決定命運	4課時
管理類課程	9	團隊管理	4課時
	10	時間管理	3課時
	11	會議管理	3課時
	12	目標計劃管理	3課時
	13	高效溝通管理	4課時
	14	壓力管理	3課時
	15	行為素養	3課時
	16	危機管理	3課時

續表

課程類別	序號	課程名稱	課時
研發專業課程	17	鞋類設計之足部解剖學	3課時
	18	鞋楦與電腦輔助設計	4課時
	19	手工製作技巧	4課時
	20	原料和成分	3課時
	21	皮革、布料及其他材料	3課時
	22	鞋類款式及創新	4課時
	23	製版和縫紉實踐	3課時
	24	皮具款式	4課時
	25	生產進程	3課時
	26	行業標準和基本設計要求	3課時
	27	系列作品的構成和方式	3課時
時尚設計課程	28	制鞋文化	3課時
	29	當代美學	3課時
	30	潮流趨勢與現狀研究	3課時
時尚設計課程	31	消費者理念	3課時
	32	創意思維	3課時
	33	創意表達	3課時
	34	個性元素	3課時
	35	品牌銷售的視覺傳播	3課時
	36	消費者資訊分析	3課時
	37	終端展示與策劃	3課時

　　「人才短板」一直是困擾奧康集團的一道難題，空降到企業擔當重任的外來人才往往「水土不服」，不是自動離職就是因為不適應企業發展而被辭退。為了有效解決這個問題，奧康集團十分重視從企業內部培養人才，籌建內部講師團正是其探索人才梯隊的新路徑。

　　奧康於 2003 年 8 月民營企業界成立了首家內部講師團，講師團成員採取公開招聘的方式，有來自生產、行銷一線的骨幹，也有愛崗敬業的行政人員、中層幹部，經過嚴格的篩選和專業化培訓，這些自願報名的員工們有了提升自己能力的機會，先後有 40 多名優秀員工從 200 餘名應聘者中脫穎而出，成為奧康首批內部講師團成員，他們中大部份成員是崗位中的骨幹，任務就是為技術知識薄弱的員工培訓。奧康人才資源中心負責人表示，組建講師團的初衷是整合內部和外部資源，構建多層次的人才體系，將資源效應發揮到最大化，建設真正適合企業的人才梯隊。

　　目前，奧康集團的講師團由 16 位外聘的專家學者、20 名專業水準較強的內部員工以及 30 名後備講師組成。人才資源中心負責人說，專業的事需要專業的人去做，內部講師畢竟有自己在專業或理論上的局限性，需要一些資深專家來加入我們的講師團，使培訓的執行更有力度。後備講師是為了充實講師團的力量，公司鼓勵這些後備講師多研究、多講課，提高自己的授課水準，從而轉為正式的講師。

　　奧康集團的外聘專家團隊成員在加入講師團前，都和奧康有過一段時間的接觸和磨合，對奧康有一定程度的瞭解，並能夠把各自擅長領域取得的卓越成果嫁接到奧康內部，對集團的發展提供幫

助。內部聘請的講師主要來自集團內部各個職層和崗位,由總裁、副總裁、經理、處長、基層員工等不同層面的人員組成。由於講師都是來自奧康內部,又善於從新的高度去俯視奧康,給培訓注入了新活力。後備講師透過自願報名或推薦形式,經過篩選進入團隊。這些員工平時在自己的崗位積累了教授技能方面的經驗,再經過一些綜合的培訓就可以走上內部講師的崗位,他們的加入保障了講師隊伍的後續力量。

奧康的店長和導購員培訓是一大特色。它將奧康的企業文化或理念透過培訓的方式灌輸到行銷一線的員工心中,大大提高了他們的知識水準、工作技能水準。內部講師可以直接接觸到一線員工,透過培訓從中選拔人才。透過培訓,優秀的導購員可以升為店長,再選拔為專賣管理員,直至成為區域經理。目前,奧康的幾位區域經理就是從導購員一步一步提升上來的。

為了保障內部講師體系的建立,奧康推行培訓積分制度,每個員工都需要獲得一定的培訓積分。培訓積分制度規定講師授課每小時為 2 學分,學員聽課每小時為 1 學分。年累計副總裁不得低於 50 學分;總經理、總監、部門經理不得低於 70 學分;處長、副處長、各部門負責人、主管、廠長、主任等不得低於 80 學分;一般行政員工不得低於 60 學分。年度累計培訓積分超過規定要求,每超 1 學分,按 10 元進行獎勵;年度累計培訓積分少於規定要求,每少 1 學分,按 20 元進行處罰。講師在 8 小時工作時間以外還可享受 100 元/小時的課時津貼。

培訓積分制度自實施以來,員工、幹部培訓的積極性非常高,都完成了自己的培訓額度,超額完成的比例超過 60%。內部講師體

系的建立和應用發揮了預想的作用，打造了奧康濃濃的學習氣氛，內訓體系成為提升奧康員工素質的一個有效補充載體。

41 特許加盟的相關術語

1. 特許人

特許人(Franchiser)也稱盟主、特許總部、授權者、特許經營企業、特許經營機構。它是指提供商標、商號、產品、服務、標記、專利和專有技術、經營模式及其他營業標誌者，通常為法人機構。特許人有義務向受許人提供系統的經營管理培訓和指導，有義務支援或協助受許人進行營運組織、促銷活動或日常事務管理，有權利接受來自受許人以加盟金和特許權使用費的方式支付的費用，它是特許權的真正所有者。

2. 受許人

受許人(Franchisee)也稱加盟商、加盟者、被特許人。它是指獲得特許人的商標、商號、產品、服務、標記、專利和專有技術、經營模式或其他營業標誌使用權的獨立法人或自然人。他們在特許加盟活動中，通常是以付出一定費用的形式來獲得授權者的授權業務，並在一定的區域範圍內使用特許人的商標、標誌、專利和專有技術、經營模式及運營管理系統來生產或銷售特許人的產品及服務。加盟商可以分為單店加盟商和區域加盟商。

單店加盟商是指加盟某特許體系並投資經營單店的受許人，它是特許加盟體系中最基本的加盟商。

區域加盟商，是指加盟某特許體系並獲得在某指定地理區域專有權利的受許人(加盟商)，他有權自己開設加盟店，或有權在其專有區域內再發展別的加盟商。一般特許人會要求區域加盟商在指定時間內、在指定的區域內開設指定數目的加盟單店。

3. 特許權

特許權(Franchise)也稱特許經營權，是指特許人授予受許人的某種權利。相對於特許人，特許權是一種產權；而相對於受許人，特許權是一種使用權。構成特許權的每一項內容稱為特許權要素，特許權要素的具體組成與特許經營的模式有關，不同的特許經營模式對應著不同的特許權。一般而言特許權要素包括特許人(盟主)所擁有的商標、標誌、商號、專利、經營訣竅、技術訣竅、運營管理系統、經營模式、商業秘密、其他智慧產品等無形資產以及有形產品、無形服務等的經銷權、生產權和分銷權等。它是特許人與受許人雙方發生特許經營關係的基礎，也是特許加盟運作的中心環節。

4. 加盟費

加盟費(Initial Fee)也稱加盟金，是指受許人為獲得特許權而向特許人支付的一次性費用。它實際上是加盟之初應該支付的一種入門費，或稱初始費，因為受許人的正常開業離不開特許人為其提供的一系列支持和幫助，更重要的是它體現了特許者所擁有的品牌、專利、經營技術訣竅、經營模式、商譽等無形資產的價值。一般來說，品牌的價值、知名度和美譽度高，願意加盟的人就多，加盟費就高，反之則低。

5. 特許權使用費

特許權使用費(Royalty Fee)也稱權益金、管理費等，是指受許人在使用特許權過程中按一定的標準或比例向特許人定期支付的費用。它體現的是特許人在受許人企業中所擁有的權益或特許人向受許人提供的持續支援和指導的價值。

6. 加盟

加盟(ToBuya Franchise)是指特許人向受許人授權或者受許人向特許人購買一份特許權的活動，即潛在受許人接受特許人規定的一定條件，以簽訂特許加盟合約為標誌而成為特許加盟體系中加盟商的過程。

7. 加盟店

加盟店(Business Unit)是指在特許加盟體系中不可再分割的基本業務單元，也稱單店。單店由於投資人的不同又可分為直營店和加盟店：直營店(Company Owned Unit)由特許人直接投資經營，加盟店(Franchised Unit)由受許人投資經營。加盟店可再分為特許加盟店和合作加盟店兩種。

⑴特許加盟店。特許加盟店是指完全由受許人進行場地、設備、裝修等的實體投資，日常經營和風險也由受許人進行管理和承擔，而特許人一般只是收取受許人的加盟金和特許權使用費的加盟店。此種方式比較適合創業型加盟者，通常意義上的加盟店即指特許加盟店。

⑵合作加盟店。合作加盟店是指受許人與特許人共同進行實體投資的加盟店。投資合作的方式一般是特許人投入設備資本、負責加盟店經營管理以及承擔經營的風險；而受許人則投入場地、裝修

等資本並提取確定的利益。此種方式比較適合投資型加盟者。因為對於加盟者來說既可以降低投資門檻又不用承擔經營風險，同時還可以從事其他經營活動。

8. 特許總部

特許總部(Headquarter)，簡稱總部，是指由特許人建立的用於發展、管理和經營特許加盟體系的機構。總部和單店是特許加盟體系中最基本的組織形態，總部、單店、配送中心還共同被稱為特許加盟體系的三大基本元素。此外，為了更好地管理某個較大區域，總部還會按照地理範圍劃分來設立地方性管理分支機構或辦事處，也稱分部。分部的職責是代理總部在指定的管理轄區內行使管理、特許經營開發等權利。

9. 特許加盟體系

特許加盟體系(Franchise System)是指由特許人和獲得特許權的若干受許人企業組成的，在特許人的統一組織、督導及其經營管理模式下從事經營活動、推廣產品及服務的體系。從系統論的角度說，特許加盟體系是一個由若干子系統組成的一個複雜的大系統。涉及特許人與每一個受許人、特許人與總部、總部與受許人以及受許人與客戶之間等多重關係。單店的數量通常作為考察一個特許加盟體系規模及發展速度的基本指標。

10. 特許加盟手冊

特許加盟手冊(Operation Manual)是指特許人所撰寫的提供給受許人使用的一系列文件。它是指導、監督、考核特許加盟體系並使之順利進行統一運營管理的規則，是特許人的業務經驗、經營知識、管理技能、新的創意的文本體現。特許加盟手冊可以分為四

個大的類別：招募文件、總部手冊、分部或區域加盟商手冊和單店手冊。

11. 特許加盟合約

特許加盟合約指特許人和受許人之間簽訂的用於規定雙方權利和義務、確定雙方特許經營關係的所有法律契約。它包括特許加盟主體合約（亦即人們通常理解意義上的特許加盟合約）和特許加盟輔助合約。特許加盟主合約規定特許經營雙方的主要權利、義務，特許經營權的內容、特許期限、特許地域、特許費用、違約責任、合約解除等所有重要內容。特許加盟輔助合約一般包括商標使用許可協定、軟體許可與服務協定、市場推廣與廣告基金管理辦法、保證金協議等。

12. 特許加盟指南

特許加盟指南，又稱為招募文件、招商指南等。特許人通常會將其印刷成隻有數頁非常精美的小冊子或彩色折疊紙，目的是引起潛在受許人對本特許加盟體系的興趣：其主要內容是對特許加盟體系的全面性概略介紹，可分為三個大部份：正文文字、圖案和加盟申請表。

臺灣的核心競爭力，就在這裏！

圖書出版目錄

下列圖書是由臺灣的憲業企管顧問（集團）公司所出版，自 1993 年秉持專業立場，特別注重實務應用，50 餘位顧問師為企業界提供最專業的經營管理類圖書。

選購企管書，敬請認明品牌：憲業企管公司。

1. 傳播書香社會，直接向本出版社購買，一律 9 折優惠，郵遞費用由本公司負擔。服務電話 (02) 27622241 (03) 9310960　傳真 (03) 9310961

2. 付款方式：請將書款轉帳到我公司下列的銀行帳戶。

・銀行名稱：合作金庫銀行（敦南分行）　帳號：5034-717-347447
公司名稱：憲業企管顧問有限公司

・郵局劃撥號碼：18410591　郵局劃撥戶名：憲業企管顧問公司

3. 圖書出版資料每週隨時更新，請見網站 www.bookstore99.com

149	展覽會行銷技巧	360 元
150	企業流程管理技巧	360 元
152	向西點軍校學管理	360 元
154	領導你的成功團隊	360 元
155	頂尖傳銷術	360 元
160	各部門編制預算工作	360 元
163	只為成功找方法，不為失敗找藉口	360 元
167	網路商店管理手冊	360 元
168	生氣不如爭氣	360 元
170	模仿就能成功	350 元
176	每天進步一點點	350 元
181	速度是贏利關鍵	360 元
183	如何識別人才	360 元
184	找方法解決問題	360 元
185	不景氣時期，如何降低成本	360 元
186	營業管理疑難雜症與對策	360 元
187	廠商掌握零售賣場的竅門	360 元
188	推銷之神傳世技巧	360 元
189	企業經營案例解析	360 元
191	豐田汽車管理模式	360 元
192	企業執行力（技巧篇）	360 元
193	領導魅力	360 元
198	銷售說服技巧	360 元
199	促銷工具疑難雜症與對策	360 元
200	如何推動目標管理（第三版）	390 元
201	網路行銷技巧	360 元
204	客戶服務部工作流程	360 元
206	如何鞏固客戶（增訂二版）	360 元
208	經濟大崩潰	360 元
215	行銷計劃書的撰寫與執行	360 元
216	內部控制實務與案例	360 元
217	透視財務分析內幕	360 元
219	總經理如何管理公司	360 元
222	確保新產品銷售成功	360 元
223	品牌成功關鍵步驟	360 元
224	客戶服務部門績效量化指標	360 元
226	商業網站成功密碼	360 元
228	經營分析	360 元
229	產品經理手冊	360 元

230	診斷改善你的企業	360 元
232	電子郵件成功技巧	360 元
234	銷售通路管理實務〈增訂二版〉	360 元
235	求職面試一定成功	360 元
236	客戶管理操作實務〈增訂二版〉	360 元
237	總經理如何領導成功團隊	360 元
238	總經理如何熟悉財務控制	360 元
239	總經理如何靈活調動資金	360 元
240	有趣的生活經濟學	360 元
241	業務員經營轄區市場（增訂二版）	360 元
242	搜索引擎行銷	360 元
243	如何推動利潤中心制度（增訂二版）	360 元
244	經營智慧	360 元
245	企業危機應對實戰技巧	360 元
246	行銷總監工作指引	360 元
247	行銷總監實戰案例	360 元
248	企業戰略執行手冊	360 元
249	大客戶搖錢樹	360 元
250	企業經營計劃〈增訂二版〉	360 元
252	營業管理實務（增訂二版）	360 元
253	銷售部門績效考核量化指標	360 元
254	員工招聘操作手冊	360 元
256	有效溝通技巧	360 元
257	會議手冊	360 元
258	如何處理員工離職問題	360 元
259	提高工作效率	360 元
261	員工招聘性向測試方法	360 元
262	解決問題	360 元
263	微利時代制勝法寶	360 元
264	如何拿到 VC（風險投資）的錢	360 元
267	促銷管理實務〈增訂五版〉	360 元
268	顧客情報管理技巧	360 元
269	如何改善企業組織績效〈增訂二版〉	360 元
270	低調才是大智慧	360 元
272	主管必備的授權技巧	360 元

275	主管如何激勵部屬	360 元
276	輕鬆擁有幽默口才	360 元
277	各部門年度計劃工作（增訂二版）	360 元
278	面試主考官工作實務	360 元
279	總經理重點工作（增訂二版）	360 元
282	如何提高市場佔有率（增訂二版）	360 元
283	財務部流程規範化管理（增訂二版）	360 元
284	時間管理手冊	360 元
285	人事經理操作手冊（增訂二版）	360 元
286	贏得競爭優勢的模仿戰略	360 元
287	電話推銷培訓教材（增訂三版）	360 元
288	贏在細節管理（增訂二版）	360 元
289	企業識別系統 CIS（增訂二版）	360 元
290	部門主管手冊（增訂五版）	360 元
291	財務查帳技巧（增訂二版）	360 元
292	商業簡報技巧	360 元
293	業務員疑難雜症與對策（增訂二版）	360 元
294	內部控制規範手冊	360 元
295	哈佛領導力課程	360 元
296	如何診斷企業財務狀況	360 元
297	營業部轄區管理規範工具書	360 元
298	售後服務手冊	360 元
299	業績倍增的銷售技巧	400 元
300	行政部流程規範化管理（增訂二版）	400 元
301	如何撰寫商業計畫書	400 元
302	行銷部流程規範化管理（增訂二版）	400 元
303	人力資源部流程規範化管理（增訂四版）	420 元
304	生產部流程規範化管理（增訂二版）	400 元
305	績效考核手冊（增訂二版）	400 元
306	經銷商管理手冊（增訂四版）	420 元

307	招聘作業規範手冊	420 元
308	喬·吉拉德銷售智慧	400 元
309	商品鋪貨規範工具書	400 元
310	企業併購案例精華（增訂二版）	420 元
311	客戶抱怨手冊	400 元
312	如何撰寫職位說明書（增訂二版）	400 元
313	總務部門重點工作（增訂三版）	400 元
314	客戶拒絕就是銷售成功的開始	400 元
315	如何選人、育人、用人、留人、辭人	400 元
316	危機管理案例精華	400 元
317	節約的都是利潤	400 元
318	企業盈利模式	400 元
319	應收帳款的管理與催收	420 元

《商店叢書》

18	店員推銷技巧	360 元
30	特許連鎖業經營技巧	360 元
35	商店標準操作流程	360 元
36	商店導購口才專業培訓	360 元
37	速食店操作手冊〈增訂二版〉	360 元
38	網路商店創業手冊〈增訂二版〉	360 元
40	商店診斷實務	360 元
41	店鋪商品管理手冊	360 元
42	店員操作手冊（增訂三版）	360 元
43	如何撰寫連鎖業營運手冊〈增訂二版〉	360 元
44	店長如何提升業績〈增訂二版〉	360 元
45	向肯德基學習連鎖經營〈增訂二版〉	360 元
47	賣場如何經營會員制俱樂部	360 元
48	賣場銷量神奇交叉分析	360 元
49	商場促銷法寶	360 元
53	餐飲業工作規範	360 元
54	有效的店員銷售技巧	360 元

在海外出差的………
臺灣上班族

　　愈來愈多的台灣上班族，到海外工作(或海外出差)，對工作的努力與敬業，是台灣上班族的核心競爭力；一個明顯的例子，返台休假期間，台灣上班族都會抽空再買書，設法充實自身專業能力。

　　[憲業企管顧問公司]以專業立場，為企業界提供最專業的各種經營管理類圖書。

　　85%的台灣上班族都曾經有過購買(或閱讀)[憲業企管顧問公司]所出版的各種企管圖書。

　　建議你：工作之餘要多看書，加強競爭力。

建立企業圖書館

當市場競爭激烈時：

培訓員工，強化員工競爭力
是企業最佳對策

「人才」是企業最大的財富。如何提升人才，是企業永續經營、戰勝對手的核心競爭力。積極培訓公司內部員工，是經濟不景氣時期的最佳戰略，而最快速的具體作法，就是「建立企業內部圖書館，鼓勵員工多閱讀、多進修專業書籍」

建議您：請一次購足本公司所出版各種經營管理類圖書，作為貴公司內部員工培訓圖書。使用率高的（例如「贏在細節管理」），準備 3 本；使用率低的（例如「工廠設備維護手冊」），只買 1 本。

商店叢書 ⑦⓪ 　　　　　　售價：420 元

連鎖業加盟招商與培訓作法

西元二〇一六年七月　　　　　　　　初版一刷

編著：鄭志雄　黃憲仁

策劃：麥可國際出版有限公司（新加坡）

編輯：蕭玲

校對：劉飛娟

發行人：黃憲仁

發行所：憲業企管顧問有限公司

電話：(02) 2762-2241 　(03) 9310960 　0930872873

電子郵件聯絡信箱：huang2838@yahoo.com.tw

銀行 ATM 轉帳：合作金庫銀行 　帳號：5034-717-347447

郵政劃撥：18410591 　憲業企管顧問有限公司

江祖平律師顧問：紙品書、數位書著作權與版權均歸本公司所有

登記證：行政業新聞局版台業字第 6380 號

本公司徵求海外版權出版代理商 （0930872873）

本圖書是由憲業企管顧問（集團）公司所出版，以專業立場，為企業界提供最專業的各種經營管理類圖書。

圖書編號 ISBN：978-986-369-046-7